Darstellung und Begründung

einiger neuerer

Ergebnisse der Funktionentheorie.

Von

Dr. Edmund Landau,

o. ö. Professor der Mathematik an der Universität Göttingen.

Zweite Auflage.

Mit 10 Textfiguren.

Berlin.
Verlag von Julius Springer.
1929.

ISBN-13:978-3-642-90012-9   e-ISBN-13:978-3-642-91869-8

DOI: 10.1007/978-3-642-91869-8

Druck der Dieterichschen Universitäts-Buchdruckerei (W. Fr. Kaestner), Göttingen.

Vorwort zur ersten Auflage.

Meine Absicht bei Herausgabe dieses Buches ist, einige Früchte
meiner Beschäftigung mit der modernen mathematischen Literatur
dem Leser zugute kommen zu lassen. Die Auswahl geschah nach
folgenden Gesichtspunkten. Der Sache nach handelt es sich im
wesentlichen um diejenigen Problemstellungen aus der Theorie der
analytischen Funktionen einer komplexen Variabeln, welche an
das Konvergenzverhalten von Potenzreihen auf dem Rande und an
die analytische Fortsetzbarkeit der betreffenden Funktionen an-
knüpfen. Darüber gab es von jeher eine große Literatur; manches
ist klassisch und steht in jedem Lehrbuch. In den letzten Jahren
sind nun in diesem Gebiete bestimmte Sätze von hoher Eleganz
entdeckt worden; Sätze, welche vordem kaum vermutet waren,
zum Teil erstmalig auf sehr komplizierte Weise bewiesen und in-
zwischen auf viel kürzerem Wege erreicht wurden. Die Literatur
über solche Fragen ist groß; die einzelnen Abhandlungen sind zum
Teil lang, so daß man Mühe hat, das schönste Resultat heraus-
zufinden und den zugehörigen Beweis herauszupräparieren; oft tritt
der wesentliche Kern eines Satzes dadurch nicht deutlich hervor,
daß dieser gleich in unwichtiger Weise verallgemeinert und mit
Parametern belastet erscheint. Ich glaube und wünsche nun, daß
die vorliegende Mitteilung von etwa siebenundzwanzig sorgsam
ausgewählten, in letzter Zeit gefundenen Sätzen mit vollständigen,
einheitlich dargestellten Beweisen die Aufnahme dieser Ergebnisse
— welche zum Teil von klassischer Schönheit sind — in Vor-
lesungen und Lehrbücher zum Nutzen der Anfänger beschleunigen
wird; und daß die Forscher zu genauerem Studium der Originalabhandlungen und damit zur Weiterführung jener fruchtbaren
Untersuchungen angeregt werden. Oft ist meine vereinfachte Darstellung länger als das Original; das liegt daran, daß ich es dem
Leser möglichst leicht machen will und ihm keine Zwischenrech-
nung überlasse. Daß mein Anteil an diesen Dingen kein rein
kompilatorischer ist, wird der Leser sich auch ohne besondere Er-

1*

wähnung einiger Vereinfachungen denken können, und wenn er Lust bekommt, auf die Originalabhandlungen zurückzugreifen, so wird er sehen, daß auch die eine oder andere Fragestellung von mir herrührte. Als bekannt werden nur die Elemente der Funktionentheorie vorausgesetzt.

Für freundliche Hilfe bei der Korrektur danke ich bestens den Herren Privatdozent Dr. Bernays in Zürich, Prof. Dr. Hartogs in München, Prof. Dr. Knopp in Berlin, Privatdozent Dr. Pólya in Zürich, Dr. Wiarda in Marburg und Direktor Dr. Ziegel in Berlin.

Göttingen, den 17. Mai 1916.

Edmund Landau.

Vorwort zur zweiten Auflage.

Mit Absicht habe ich den behandelten Stoff kaum vermehrt, wohl aber mehrere Paragraphen gründlich erweitert bzw. umgearbeitet. Insbesondere erwähne ich: § 5 (Fatou) ist neu, § 10 (früher §§ 9—10) umgearbeitet und der Satz des alten § 9 nur als Nebenresultat in die Einleitung übernommen. § 19 ist zum vollen Beweise des Fabryschen Lückensatzes und anderer Fabryscher Sätze erweitert. §§ 24—25 sind auf ganz neue (Blochsche) Grundlage gestellt. Der alte § 27 ist zum Beweise der definitiven (Bieberbachschen) Schranken erweitert (jetzt §§ 27—28) und vom alten siebenten Kapitel abgetrennt, da die Beziehung zum Picardschen Ideenkreis wegfiel.

Alles Nähere erläutert die Einleitung.

„**Neuere** Ergebnisse der Funktionentheorie" sind es immer noch, zumal der vierte Teil meiner Zitate sich auf Schriften bezieht, die erst nach meiner ersten Auflage erschienen sind, und manches zum ersten Male in der vorliegenden Fassung dargestellt wird.

Diesmal habe ich für freundliche Korrekturhilfe den folgenden Herren herzlichst zu danken: Dr. Fenchel in Göttingen, Dr. Walfisz in Warschau und Dr. Weber in Göttingen.

Göttingen, den 19. September 1929.

Edmund Landau.

Bezeichnungen.

Im folgenden verstehe ich, wenn für alle hinreichend großen positiven x eine komplexe Funktion $f(x)$ und eine positive Funktion $g(x)$ definiert sind, unter

$$f(x) = O(g(x)),$$

daß der Quotient

$$\frac{|f(x)|}{g(x)}$$

von einer Stelle an beschränkt ist. Unter

$$f(x) = o(g(x)),$$

daß

$$\lim_{x=+\infty} \frac{f(x)}{g(x)} = 0$$

ist. Dieselben Zeichen O und o werden aber auch gebraucht, wenn es sich nicht um Annäherung an $x = \infty$, sondern um beiderseitige oder einseitige Annäherung an einen endlichen Wert $x = \xi$ oder um eine bestimmte Annäherung an $x = \xi$ in der komplexen Ebene handelt. Auch, wenn die Variable — sie heißt dann meist nicht x oder dergl., sondern n, m oder dergl. — nur durch ganzzahlige Werte ins Unendliche geht. Der Zusammenhang schließt jedes Mißverständnis bei Anwendung dieses Zeichens aus, da stets ersichtlich sein wird, um welche unabhängige Variable und welchen Weg derselben es sich handelt.

Übrigens wird es sich oft als zweckmäßig erweisen, statt einer Gleichung wie

$$\lim_{x=1} \frac{x^2-1}{x-1} = 2$$

(x sei komplex gedacht) ohne Limeszeichen zu schreiben: Für $x \to 1$ ist $\dfrac{x^2-1}{x-1} \to 2$. Wenn die unabhängige Variable an den betreffenden endlichen Punkt nicht auf beliebiger Bahn rücken soll, wird es stets besonders gesagt.

Schließlich wird gelegentlich

$$f(x) \sim g(x)$$

als Abkürzung für

$$\frac{f(x)}{g(x)} \to 1$$

verwendet werden.

Die Titel der benutzten Abhandlungen sind zum Schluß zusammengestellt. Im Text zitiere ich daher nur kurz den Namen des Autors, eine Seitenzahl und (wenn mehr als eine Arbeit desselben Autors im Verzeichnis vorkommt) die Nummer der Abhandlung.

Einleitung.

Im folgenden will ich zunächst über die Ziele der einzelnen acht Kapitel und die Vorgeschichte jener Fragestellungen berichten. Absichtlich ist im späteren Text durchweg vom Einheitskreis die Rede, in dieser Einleitung vom Kreise $|x| \leqq r$ mit einem Wortlaut, in den der des Textes durch die bloße Substitution $\dfrac{x}{r}$ statt x übergeht. ·Hier von einem beliebigen Punkt des Kreises, dort von dem positiven (triviale Substitution $e^{-\varphi i}x$ statt x). Hier von $\lim f(x) = l$, dort von $\lim f(x) = 0$ (triviale Substitution $f(x) - l$ statt $f(x)$). Hier von $|f(x)| \leqq M$, dort von $|f(x)| \leqq 1$ (triviale Substitution $M^{-1}f(x)$ statt $f(x)$).

Erstes Kapitel.
(Über beschränkte Potenzreihen.)

Es sei

$$f(x) = \sum_{n=0}^{\infty} a_n x^n$$

für $|x| < r$ regulär. Dann braucht $|f(x)|$ dort nicht beschränkt zu sein, wie die geometrische Reihe

$$\sum_{n=0}^{\infty} x^n$$

mit $r = 1$ lehrt. Wenn aber für $|x| < r$

$$|f(x)| \leqq M$$

ist, so ist bekanntlich infolge der für $0 < \varrho < r$ giltigen Identität [1]

---

1) $\bar{a}$ bezeichnet die zu a konjugierte Zahl.

$$\int_0^{2\pi} \left| f\!\left(\varrho\, e^{\varphi i}\right) \right|^2 d\varphi = \int_0^{2\pi} \sum_{n=0}^{\infty} a_n\, \varrho^n\, e^{n\varphi i} \cdot \sum_{m=0}^{\infty} \bar{a}_m \varrho^m e^{-m\varphi i}\, d\varphi$$

$$= \sum_{n,\,m=0}^{\infty} a_n \bar{a}_m \varrho^{n+m} \int_0^{2\pi} e^{(n-m)\varphi i}\, d\varphi = 2\pi \sum_{n=0}^{\infty} |a_n|^2 \varrho^{2n},$$

deren linke Seite $\leqq 2\pi M^2$ ist, notwendig die Reihe

$$\sum_{n=0}^{\infty} |a_n|^2 r^{2n}$$

konvergent (und $\leqq M^2$). Es war aber nicht leicht festzustellen, ob aus der Voraussetzung die Beschränktheit von

$$s_n = \sum_{\nu=0}^{n} a_\nu r^\nu \qquad (n = 0, 1, 2, \ldots)$$

oder gar die gleichmäßige Beschränktheit von s_n für alle zu festem r und festem M gehörigen $f(x)$ folgt. Fejér[1]) hat entdeckt, daß nicht einmal bei einem einzelnen $f(x)$ diese Funktion von n beschränkt zu sein braucht. Im § 3 gebe ich aber dafür nicht Fejérs ursprüngliches Beispiel, sondern ein anderes, das er mir brieflich in Anwendung einer zu anderem Zweck von mir angestellten Untersuchung mitgeteilt hat.

Daß bei festem M und festem n der Ausdruck s_n gleichmäßig (in Bezug auf r und die Auswahl des $f(x)$) beschränkt ist, folgt schon daraus, daß nach Cauchy

$$|a_\nu r^\nu| \leqq M \qquad (\nu = 0, 1, 2, \ldots),$$

also

$$|s_n| \leqq (n+1)\, M$$

ist. (Übrigens folgt aus

$$\sum_{n=0}^{\infty} |a_n|^2 r^{2n} \leqq M^2$$

schärfer

$$|s_n| \leqq \sum_{\nu=0}^{n} |a_\nu r^\nu| \cdot 1 \leqq \sqrt{\sum_{\nu=0}^{n} |a_\nu|^2 r^{2\nu} \cdot \sum_{\nu=0}^{n} 1^2} \leqq \sqrt{n+1} \cdot M.)$$

Die Bestimmung der oberen Grenze von $|s_n|$ für alle $f(x)$ bei festen r, M, n bot eigentümliche Schwierigkeiten, die ich[2]) mit dem Ergebnis

---

1) Fejér 1, S. 15.
2) Landau 4, zweite Abhandlung, S. 255.

$$M \sum_{v=0}^{n} \binom{-\frac{1}{2}}{v}^2 = M\left(1 + \left(\frac{1}{2}\right)^2 + \left(\frac{1 \cdot 3}{2 \cdot 4}\right)^2 + \cdots + \left(\frac{1 \cdot 3 \ldots (2n-1)}{2 \cdot 4 \ldots 2n}\right)^2\right)$$

überwunden habe; dies stelle ich in § 2 dar; der Faktor von M ist $\sim \dfrac{1}{\pi} \log n$.

Obgleich s_n nicht beschränkt zu sein braucht, sind, wie Steffensen[1]) bemerkt hat, die arithmetischen Mittel

$$\frac{s_0 + s_1 + \cdots + s_n}{n+1}$$

beschränkt, sogar bei festem M gleichmäßig beschränkt für alle r und $f(x)$. Die (gleichmäßige) obere Grenze ergibt sich nach Fejér[2]) gleich M; siehe den folgenden § 1, der auch eine — nicht viel tiefer liegende — notwendige und hinreichende Bedingung dafür entwickelt, daß ein bestimmtes $f(x)$ für $|x| < r$ regulär und beschränkt ist. Nämlich,

$$s_n(x) = \sum_{v=0}^{n} a_v x^v$$

gesetzt,

$$\left| \sum_{v=0}^{n} s_v(x) \right| \leqq (n+1)M \text{ für } |x| \leqq r, \, n \geqq 0.$$

I. Schur[3]) hat diese Bedingung als gleichwertig mit

$$\sum_{v=0}^{n} |s_v(x)| \leqq (n+1)M \text{ für } |x| \leqq r, \, n \geqq 0$$

und mit

$$\sum_{v=0}^{n} |s_v(x)|^2 \leqq (n+1)M^2 \text{ für } |x| \leqq r, \, n \geqq 0$$

erwiesen. Dies reproduziere ich auch in § 1; an dessen Schluß beweise ich[4]) den Satz von Rogosinski[5]):

Aus

$$|f(x)| \leqq M \text{ für } |x| < r$$

folgt

$$|s_n(x)| \leqq M \text{ für } |x| \leqq \frac{r}{2}, \, n \geqq 0.$$

---

1) Steffensen, S. 382.
2) Fejér 3, S. 95.
3) Schur 2, S. 227. Vergl. Szász 1, S. 176.
4) Nach Landau 5, S. 22.
5) Rogosinski, S. 271.

Nach obigem ist insbesondere bei jedem festen für $|x| < r$ beschränkten $f(x)$

$$s_n = O(\log n).$$

Die Frage, ob

$$s_n = o(\log n)$$

ist, ist von Bohr[1]) gelöst und dann von Bohr[2]) und Neder[3]) weiter verfolgt worden; doch ist schon der zur Antwort auf obige Frage vorliegende Beweis zu kompliziert für Aufnahme in dies Buch.

Im § 4 beweise ich nach Hardy[4]), daß für jedes im Kreise $|x| < r$ reguläre und beschränkte $f(x)$ die Majorante

$$\mathfrak{M}(\varrho) = \sum_{n=0}^{\infty} |a_n| \varrho^n$$

bei zu r wachsendem ϱ als $o\left(\dfrac{1}{\sqrt{r-\varrho}}\right)$ abgeschätzt werden kann.

Ferner beweise ich dort nach Bohr — M. Riesz — I. Schur — F. Wiener[5]), daß für jede ganze Funktion $f(x)$ und alle $\varrho > 0$

$$\mathfrak{M}(\varrho) \leqq \operatorname*{Max.}_{|x| = 3\varrho} |f(x)| = M(3\varrho)$$

ist; dasselbe gilt für Potenzreihen $f(x)$ mit endlichem Konvergenzradius, wenn 3ϱ kleiner als dieser Radius ist.

Im § 5 beweise ich zunächst auf einem von Faber[6]) angegebenen Wege den Satz von Lebesgue[7]), daß eine reelle Funktion mit beschränktem Differenzenquotienten in einem Intervall dort „fast überall" differentiierbar ist; d. h. bis auf eine Nullmenge; d. h. bis auf eine Menge, die durch abzählbar viele Intervalle beliebig kleiner Gesamtlänge zugedeckt werden kann. Mit Hilfe dieses Lebesgueschen Satzes beweise ich dann nach Carathéodory[8]) den Satz von Fatou[9]): Ist $|f(x)| \leqq M$ für $|x| < r$,

---

1) Bohr 2, erste Abhandlung, S. 276.
2) Bohr 2, zweite Abhandlung, S. 119.
3) Neder, S. 115.
4) Hardy 1, S. 149.
5) Bohr 1, S. 4.
6) Faber 3, S. 381. Der Fabersche Beweis mußte in vielen Punkten berichtigt werden und konnte verkürzt werden.
7) Lebesgue, S. 123.
8) Carathéodory, S. 307. Dies ist z. Z. der einzige vom Lebesgueschen Integralbegriff freie Beweis.
9) Fatou, S. 337.

so existiert $\lim\limits_{\varrho = r} f\left(\varrho\, e^{\varphi i}\right)$ für fast alle φ auf $0 \leqq \varphi \leqq 2\pi$. Von selbst ergibt sich noch eine kleine Verschärfung dieses Satzes.

Zweites Kapitel.
(Summabilität höherer Ordnung.)

Im § 6 handelt es sich um folgendes. Knopp[1]) und Schnee[2]) haben entdeckt, daß bei jeder Reihe

$$a_0 + a_1 + a_2 + \cdots$$

die Begriffe der Summabilität $k$ter Ordnung im Cesàroschen und Hölderschen Sinn (Erklärung siehe in meinem späteren Text) sich decken. Der Beweis war außerordentlich kompliziert, und erst ein neuerer Beweis von I. Schur[3]) gestattet mir, diesen wichtigen Satz in meine Schrift aufzunehmen.

Bekanntlich folgt aus der Summabilität irgendwelcher Ordnung bei der Reihe

$$\sum_{n=0}^{\infty} a_n x_0^n,$$

daß bei radialer Annäherung

$$\lim_{x = x_0} \sum_{n=0}^{\infty} a_n x^n$$

existiert; im § 7 gebe ich nun ein von Bohr herrührendes, mir für die erste Auflage mitgeteiltes Beispiel für die zuerst von Littlewood[4]) konstatierte Tatsache: dieser Limes kann vorhanden sein, ohne daß die Reihe im Punkte $x = x_0$ von irgendwelcher Ordnung summabel ist.

Drittes Kapitel.
(Umkehrungen des Abelschen Stetigkeitssatzes.)

Der Abelsche Stetigkeitssatz: „Aus

$$\sum_{n=0}^{\infty} a_n x_0^n = l \qquad\qquad (x_0 \neq 0)$$

folgt bei radialer Annäherung

---

1) Knopp, S. 19.
2) Schnee, S. 112.
3) Schur 1, S. 448.
4) Littlewood, S. 448. Übrigens leistet Littlewoods Beispiel gleichzeitig mehr.

$$\lim_{x = x_0} \sum_{n = 0}^{\infty} a_n x^n = l^u$$

ist bekanntlich nicht umkehrbar $\left(\sum\limits_{n = 0}^{\infty} x^n \text{ bei } x = -1 \right)$. Daß er unter Hinzufügung gewisser Annahmen ($a_n x_0^n \geqq 0$ und dergl.) umkehrbar ist, war trivial. Neueren Datums ist aber die Kette von Sätzen meines dritten Kapitels, welche noch mit einem 32 Jahre alten, leicht beweisbaren Satz von Tauber[1]) (wo die Annahme $a_n x_0^n = o\left(\dfrac{1}{n}\right)$ gemacht wird) beginnt (§ 8) und in dem tiefliegenden Satz von Hardy und Littlewood[2]) (§ 10) gipfelt, der nur voraussetzt: Der reelle Teil von $n\, a_n x_0^n$ ist einseitig beschränkt, desgleichen der imaginäre Teil. Eine wichtige Stütze dabei war in der ersten Auflage der gleichfalls von Hardy und Littlewood[3]) entdeckte Satz, daß für jede Potenzreihe mit $a_n \geqq 0$ aus

$$f(x) = \sum_{n = 0}^{\infty} a_n x^n \sim \frac{1}{1 - x} \qquad \text{bei } x \to 1$$

folgt[4]):

$$s_n = \sum_{v = 0}^{n} a_v \sim n.$$

In dieser zweiten Auflage beweise ich den Satz des § 10 ohne diese Zwischenstation (deren direkter Zugang sich übrigens durch Abschätzung von Integralen statt Reihen genau so verkürzen ließe wie der Gesamtbeweis jenes Satzes). Damit aber der zweite, an sich wichtige Satz jetzt nicht unter den Tisch fällt, zeige ich gleich hier, daß er aus dem ersten leicht gefolgert werden kann. Er liegt aber weniger tief; z. B. ist die Beschränktheit der Partialsummen von $\dfrac{s_{n-2}}{n-1} - \dfrac{s_{n-1}}{n}$ ($n \geqq 2$) an Stelle von a_n (vergl. Behauptung 1 des Hilfssatzes 3) wegen

$$s_n \leqq \sum_{v = 0}^{n} a_v e^{\frac{n - v}{n}} \leqq e f\left(e^{-\frac{1}{n}}\right) = O(n)$$

trivial.

Der Übergang lautet: Bei $x \to 1$ ist

---

1) Tauber, S. 274.
2) Hardy und Littlewood 3, S. 188.
3) Hardy und Littlewood 2, S. 141; 3, S. 180.
4) Die Umkehrung hiervon ist auch ohne $a_n \geqq 0$ trivial.

$$1 - s_0 x + \sum_{n=2}^{\infty}\left(\frac{s_{n-2}}{n-1} - \frac{s_{n-1}}{n}\right) x^n = 1 - (1-x)\sum_{n=0}^{\infty}\frac{s_n}{n+1} x^{n+1}$$

$$= 1 - (1-x)\int_0^x \frac{f(y)}{1-y}\, dy \to 0.$$

Für $n \geq 2$ ist

$$\frac{s_{n-2}}{n-1} - \frac{s_{n-1}}{n} \leq \frac{s_{n-1}}{n-1} - \frac{s_{n-1}}{n} = \frac{s_{n-1}}{n-1}\frac{1}{n} = O\left(\frac{1}{n}\right),$$

also nach dem ersten Satz

$$0 = 1 - s_0 + \sum_{n=2}^{\infty}\left(\frac{s_{n-2}}{n-1} - \frac{s_{n-1}}{n}\right) = 1 - \lim_{m=\infty}\frac{s_m}{m+1}.$$

Der zwischenliegende § 9 behandelt einige interessante Ausdehnungen des Tauberschen Satzes auf nicht radiale Annäherung.

Im § 11 beweise ich zwei einfachere Sätze aus diesem Ideenkreise, von denen der eine in § 12 für den Beweis eines Satzes von M. Riesz[1]) verwertet wird, der andere erst im nächsten Kapitel (§ 14) zur Anwendung kommen wird. Im § 13 beweise und verallgemeinere ich mit ähnlichen Mitteln einen Satz von Fejér[2]): Wenn $f(x)$ für $|x| \leq r$ stetig, für $|x| < r$ regulär und schlicht[3]) ist, so konvergiert die zugehörige Potenzreihe auf dem Rande $|x| = r$ und zwar gleichmäßig.

Viertes Kapitel.

(Über einige Merkwürdigkeiten des Verhaltens von Potenzreihen auf dem Rande.)

Einige Kleinigkeiten von Hardy[4]), Lusin[5]) und Sierpiński[6]). § 14 (Hardy): Es kann vorkommen, daß eine Potenzreihe auf dem Rande gleichmäßig, aber nicht absolut konvergiert. § 15 (Lusin): Und daß eine Potenzreihe mit $a_n r^n \to 0$ auf dem ganzen Rand divergiert. § 16 (Sierpiński): Und daß eine Potenzreihe in genau einem Punkte des Randes konvergiert.

Daß nicht jede beliebige Menge auf dem Rande als Menge der Konvergenzpunkte vorgeschrieben werden kann, folgt daraus, daß

---

1) Riesz 1, S. 339; der Beweis meines Textes steht bei Mittag-Leffler, S. 161, unter Bezugnahme auf eine private Mitteilung Hardys.

2) Fejér 2, S. 49; 4, S. 51.

3) D. h. $f(x_1) \neq f(x_2)$ für $|x_1| < r$, $|x_2| < r$, $x_1 \neq x_2$.

4) Hardy 1, S. 158.

5) Lusin, S. 388.

6) Sierpiński, S. 155.

die Menge jener Mengen höhere Mächtigkeit (2^c) hat als das Kontinuum (c), während die Menge aller Potenzreihen die Mächtigkeit des Kontinuums hat (nämlich $c^{\aleph_0} = c$).

Fünftes Kapitel.
(Beziehungen der Koeffizienten einer Potenzreihe zu Singularitäten der Funktion auf dem Rande.)

§ 17: Wie wohl zuerst Vivanti[1]) ohne Formulierung des Wortlauts und ohne Beweisangabe benutzt hat und wie zuerst Pringsheim[2]) formuliert und bewiesen hat, ist bei einer Potenzreihe, deren Koeffizienten ≥ 0 sind (oder auf einer anderen Halbgeraden von 0 nach ∞ liegen), der positive Punkt des Konvergenzkreises ein singulärer Punkt der Funktion. Trivial war dies nur, wenn die Reihe oder eine ihrer Ableitungen in dem betreffenden Punkte divergiert. Ich gebe (in Teil 1 des Beweises von § 17) nicht den älteren Beweis von Pringsheim, sondern einen späteren von mir[3]); beide sind gleich einfach, aber der meinige machte keinen Gebrauch von der Existenz eines singulären Punktes auf dem Rande und führte dadurch bei einer Klasse allgemeinerer (nicht in dieser Schrift behandelter) Reihen zuerst zum Ziel. Übrigens läßt sich diese Beweismethode auch auf gewisse Fälle komplexer Koeffizienten ausdehnen und kann dann (wie Fekete[4]) bemerkt hat) zum Beweise der von P. Dienes[5]) herrührenden Übertragung des obigen Satzes auf den Fall benutzt werden, daß die Koeffizienten, statt auf einer Halbgeraden durch 0 zu liegen, einem Winkelraum $< \pi$ mit dem Scheitel 0 angehören; vordem hatte Vivanti[6]) dies nur noch (und zwar weniger einfach) für einen Winkelraum $\leq \dfrac{\pi}{2}$ bewiesen. Des weiteren hat Szász[7]) den Satz von Dienes als unmittelbare Folgerung aus einem sehr einfachen Satze allgemeineren Charakters hergeleitet, und in ähnlicher Weise, jedoch unabhängig davon, hat neuerdings Pringsheim[8]) gezeigt, daß der Satz von Dienes als ein bloßes Korollar des allgemeinen Satzes (Beweis in § 17 unter Benutzung des Spezialfalles $a_n \geq 0$)

1) Vivanti 1, S. 112.
2) Pringsheim 1, S. 42.
3) Landau 2, S. 535.
4) Fekete, S. 1035.
5) Dienes, S. 338.
6) Vivanti 2, S. 401.
7) Szász 2, S. 101.
8) Pringsheim 3, S. 355.

erscheint (dessen Kernpunkt in der Tatsache besteht, daß die vom reellen Teil gewisser Potenzreihen erzeugte Singularität durch den rein imaginären Teil niemals zerstört werden kann):

Haben die Reihen

$$f(x) = \sum_{n=0}^{\infty} a_n x^n \quad \text{und} \quad \sum_{n=0}^{\infty} \Re(a_n) x^n$$

denselben endlichen Konvergenzradius und ist $\Re(a_n) \geqq 0$, so ist der positive Punkt des Konvergenzkreises singuläre Stelle von $f(x)$.

Hieraus folgt in der Tat der Dienessche Wortlaut; denn unter dessen Annahmen ist bei passenden $p > 0$, $\varphi_0 \gtreqless 0$

$$|a_n| \geqq \Re\left(a_n e^{-\varphi_0 i}\right) \geqq p\,|a_n|,$$

$$\varlimsup_{n=\infty} \sqrt[n]{\left|\Re\left(a_n e^{-\varphi_0 i}\right)\right|} = \varlimsup_{n=\infty} \sqrt[n]{|a_n|} = \varlimsup_{n=\infty} \sqrt[n]{\left|a_n e^{-\varphi_0 i}\right|}.$$

Im § 18 beweise ich den folgenden höchst bemerkenswerten Satz von Fatou[1]): Eine Potenzreihe

$$\sum_{n=0}^{\infty} a_n x^n$$

mit dem Konvergenzradius r und $a_n r^n \to 0$ konvergiert in jedem regulären Randpunkte. M. Riesz[2]) bewies darüber hinaus, daß die Konvergenz auf jedem (abgeschlossenen) Regularitätsbogen gleichmäßig ist. Ich gebe alsbald für diese schärfere Fassung einen sehr kurzen von M. Riesz[3]) herrührenden Beweis. Der Fatousche Satz ist sehr merkwürdig; hat doch bekanntlich bei einer beliebigen Potenzreihe (ohne die Annahme $a_n r^n \to 0$) Konvergenz oder Divergenz auf dem Rande gar nichts mit Regularität oder Singularität in dem betreffenden Punkte zu tun, so daß alle vier Fälle möglich sind $\left(\sum_{n=0}^{\infty} x^n \text{ und } x = 1, \quad \sum_{n=1}^{\infty} \dfrac{\dot{x}^n}{n^2} \text{ und } x = 1,\right.$

$\sum_{n=0}^{\infty} x^n \text{ und } x = -1, \quad \left.\sum_{n=1}^{\infty} \dfrac{x^n}{n} \text{ und } x = -1\right).$

In § 19 der ersten Auflage hatte ich nur einen Hadamardschen Spezialfall der Fabryschen[4]) Sätze bewiesen, die ich jetzt vollständig bringe. Hilfssatz 1 und 2 beweise ich etwa nach

---

1) Fatou, S. 389.
2) Riesz 2, S. 89.
3) Riesz 3, S. 62.
4) Fabry, S. 375, 379, 382.

Pringsheim[1]), Hilfssatz 3 bis 5, etwas vereinfacht, nach Faber[2]), der den hier betretenen Zugang zu den Fabryschen Sätzen entdeckt hat. Von den drei Fabryschen Sätzen will ich in dieser Einleitung nur den zweiten und den in der Vorbemerkung 1 zu Satz 3 genannten Spezialfall nennen:

1) Es wachse das ganze $p_h \geqq 0$, und es sei $h = o(p_h)$. Es habe

$$\sum_{h=1}^{\infty} a_{p_h} x^{p_h}$$

endlichen (positiven) Konvergenzradius. Dann ist die Funktion über den Konvergenzkreis nicht fortsetzbar.

2) Es habe

$$\sum_{n=0}^{\infty} a_n x^n$$

endlichen (positiven) Konvergenzradius r; es sei

$$a_n = |a_n| e^{\varphi_n i}, \quad \varphi_{n+1} - \varphi_n \to 0.$$

Dann ist r singuläre Stelle der Funktion.

Im § 20 wird dies angewendet auf den Beweis, den Hurwitz[3]) für eine zuerst von Pólya[4]) bewiesene Fatousche[5]) Vermutung angegeben hat: Der Konvergenzkreis läßt sich für eine beliebige Potenzreihe bloß durch geeignete Änderung der Vorzeichen der Koeffizienten zur natürlichen Grenze machen.

Sechstes Kapitel.
(Maximum und Mittelwert des absoluten Betrages einer analytischen Funktion auf Kreisen.)

Dies Kapitel handelt von

$$M(r) = \operatorname*{Max.}_{|x|=r} |f(x)|$$

und Verwandtem. Daß bei einer nicht konstanten Funktion $M(r)$ mit r (wo im Falle eines endlichen Konvergenzradius das positive r kleiner als dieser Radius ist) wächst, ist einer der ältesten klassischen Sätze der Funktionentheorie. Hadamard[6]) fügte

---

1) Pringsheim 2, S. 15 und 78.
2) Faber 1, S. 63.
3) Hurwitz und Pólya, S. 182.
4) Hurwitz und Pólya, S. 179.
5) Fatou, S. 400.
6) Hadamard 1, S. 186.

hinzu (es wurde unabhängig von Blumenthal[1]) und Faber[2])
wiedergefunden): $\log M(r)$ ist eine konvexe Funktion von $\log r$.
Ich gebe dafür in § 21 einen Beweis, der nur wenig einfacher ist
als der von Hadamard[3]) später mitgeteilte Originalbeweis.

Im § 22 verwende ich diesen Satz (an Stelle eines anderen
Vitalischen[4]), der hier nicht vorkommt), um nach Jentzsch[5])
zu beweisen: Hat

$$\sum_{n=0}^{\infty} a_n x^n$$

einen endlichen Konvergenzradius, so ist jeder Randpunkt Häufungspunkt der Menge der Wurzeln der Polynome

$$\sum_{\nu=0}^{n} a_\nu x^\nu.$$

Dieser Satz ist eine hübsche Ergänzung zu dem älteren von Hurwitz[6]), nach dem die Häufungspunkte im Innern des Kreises mit
den dort gelegenen Nullstellen der Funktion übereinstimmen; vor
Jentzsch hatte Lukács[7]) nur hinzugefügt, daß mindestens ein
Häufungspunkt auf dem Rande liegt.

Im § 23 beweise ich (und zwar nach Pólya-Szegö[8])) einen
Satz von Hardy[9]): Der Mittelwert

$$\frac{1}{2\pi} \int_0^{2\pi} \left| f\left(r e^{\varphi i}\right) \right| d\varphi$$

von $|f(x)|$ auf dem Kreise $|x| = r$ besitzt auch die beiden oben
genannten Cauchy-Hadamardschen Eigenschaften von $M(r)$.

---

1) Blumenthal, S. 108.
2) Faber 2, S. 549.
3) Hadamard 2, S. 50.
4) Der Vitalische Satz heißt: Es seien die analytischen Funktionen $f_1(x)$,
$f_2(x)$, ..., $f_n(x)$, ... für $|x| \leqq 1$ regulär und gleichmäßig beschränkt. Es exi-
stiere $\lim_{n=\infty} f_n(x)$ für unendlich viele x, die mindestens einen Häufungspunkt im
Innern des Einheitskreises haben. Dann existiert $\lim_{n=\infty} f_n(x) = f(x)$ für $|x| < 1$
und zwar gleichmäßig für $|x| \leqq \vartheta$ bei jedem positiven $\vartheta < 1$; so daß $f(x)$ für
$|x| < 1$ regulär ist.
5) Jentzsch, S. 13.
6) Hurwitz 1, S. 247.
7) Lukács, S. 34.
8) Pólya und Szegö, S. 329.
9) Hardy 2, S. 270.

Siebentes Kapitel.
(Der Picardsche Ideenkreis.)

Nachdem Picard[1]) schon 1879 mit Modulfunktionen bewiesen hatte, daß jede nicht konstante ganze Funktion höchstens einen Wert ausläßt, und Borel[2]) 1896 hierfür zuerst einen Beweis mit elementaren funktionentheoretischen Mitteln gegeben hatte, habe ich[3]), von der Borelschen Methode ausgehend, die unerwartete Tatsache hinzugefügt: Jede ganze Funktion

$$f(x) = \sum_{n=0}^{\infty} a_n x^n$$

mit $a_1 \neq 0$ nimmt einen der Werte a, b (wo $b \neq a$ ist) in einem nur von a, b, a_0, a_1 (nicht von $a_2, a_3, \ldots$) abhängenden festen Kreis an; desgl. bereits jede solche in diesem Kreise konvergente Potenzreihe. Dies beweise ich hier im § 25.

Schottky[4]) hat, an mich anknüpfend, durch Weiterführung der Borelschen Methode bewiesen: Jedes für $|x| < R$ reguläre und a, b auslassende $f(x)$ ist für $|x| \leqq \vartheta R$ (wo $0 < \vartheta < 1$ ist) absolut unterhalb einer nur von ϑ, a, b, a_0 (nicht von $a_1, a_2, a_3, \ldots$) abhängigen Schranke $\Omega(\vartheta, a, b, a_0)$ gelegen; sein Beweis ergab sogar für $|a_0| \leqq \omega$, $|a_0 - a| \geqq \dfrac{1}{\omega}$, $|a_0 - b| \geqq \dfrac{1}{\omega}$ eine nur von ϑ, a, b, ω abhängige Schranke. Ich[5]) strich $|a_0 - a| \geqq \dfrac{1}{\omega}$, $|a_0 - b| \geqq \dfrac{1}{\omega}$. All dies beweise ich in § 25.

In derselben Arbeit hat Schottky[6]) zuerst elementar den von Picard[7]) mit Modulfunktionen entdeckten Satz bewiesen: In jeder Umgebung eines isolierten wesentlich singulären Punktes nimmt eine dort eindeutig-reguläre Funktion alle Werte mit höchstens einer Ausnahme an. Schottky stützt sich auf die spezielle Natur seines $\Omega(\vartheta, a, b, a_0)$. Später hat aber E. Lindelöf[8]), wie ich in § 26 auseinandersetzen werde, einen kürzeren elementaren Beweis dieses „großen Picardschen Satzes" angegeben, wobei er

1) Picard 1, S. 1024.
2) Borel, S. 1045.
3) Landau 1, S. 1118.
4) Schottky, S. 1255.
5) Bohr und Landau, S. 309.
6) Schottky, S. 1258.
7) Picard 2, S. 745.
8) Lindelöf, S. 135.

überdies von jenem $\Omega\left(\tfrac{1}{2}, 0, 1, a_0\right)$ nur Beschränktheit etwa für $|a_0 - 2| < \tfrac{1}{2}$ benutzt.

Aber diese ganze Behandlung des Picardschen Ideenkreises fußt auf anderer Grundlage als in der ersten Auflage. Man verdankt Bloch[1]) den Satz:

Es sei $f(x)$ für $|x| \leqq 1$ regulär, $|f'(0)| \geqq 1$. Dann nimmt $f(x)$ in $|x| < 1$ alle Werte eines gewissen Kreisinnern an, dessen Radius eine Weltkonstante ist.

Valiron[2]) kürzte den Beweis[3]) sehr ab und ich[4]) noch weiter[3]). Im Text wird der Leser den Satz alsbald mit dem Radius $\dfrac{1}{16}$ lernen.

Aus diesem in § 24 bewiesenen Blochschen Satz folgt alles, wie ich in § 25 im Anschluß an Bloch zeigen werde.

Achtes Kapitel.
(Schlichte Funktionen.)

Der § 27 ist dem Koebeschen[5]) Verzerrungssatz gewidmet (der bei Koebe ein wichtiges Hilfsmittel beim Beweise seiner nicht in den Rahmen dieses Buches gehörigen Uniformisierungstheoreme geworden ist): Es gibt ein nur von r (wo $0 < r < 1$ ist) abhängendes $\Omega(r)$, so daß für jede im Kreise $|x| < R$ reguläre und schlichte Funktion $f(x)$, wenn x_1, x_2 zwei Punkte des Kreises $|x| \leqq r R$ sind,

$$\frac{1}{\Omega} \leqq \left| \frac{f'(x_1)}{f'(x_2)} \right| \leqq \Omega$$

ist. Es gibt nämlich zwei positive[6]), nur von r abhängige Funktionen $P_1(r)$, $P_2(r)$, so daß für jedes in $|x| < 1$ regulär-schlichte $f(x)$ mit $f'(0) = 1$ auf $|x| = r$

$$P_1(r) \leqq |f'(x)| \leqq P_2(r)$$

ist; woraus durch die Substitution $f(x) = R f'(0) F\left(\dfrac{x}{R}\right)$ die Behauptung ohne weiteres folgt.

---

1) Bloch 1, S. 2051; 2, S. 9.

2) Valiron, S. 728.

3) Zugleich für einen noch schärferen Blochschen Satz, den ich hier nicht brauche. Vgl. Landau 7, S. 608.

4) Landau 6, S. 471. Beweis dort 3 Zeilen im Telegrammstil.

5) Koebe 2, S. 73.

6) Überhaupt sollen die mit P bezeichneten Zahlen bzw. Funktionen stets positiv sein.

Bei dieser Gelegenheit[1]) ergab sich auch die Existenz zweier nur von r abhängiger Funktionen $P_3(r)$, $P_4(r)$, so daß, wenn überdies $f(0) = 0$, für $|x| = r$

$$P_3(r) \leqq |f(x)| \leqq P_4(r)$$

ist; die linke Hälfte dieses Satzes war allerdings schon durch Hurwitz[2]) bekannt; und hieraus folgt (vergl. z. B. § 27 der ersten Auflage) leicht die Existenz von $P_4(r)$, $P_1(r)$, $P_2(r)$.

Schon im Jahre des Erscheinens meiner ersten Auflage wurden die größtmöglichen $P_1(r)$, $P_3(r)$ und die kleinstmöglichen $P_2(r)$, $P_4(r)$ durch Bieberbach[3]) bestimmt. Ich halte mich daher diesmal nicht erst bei dem (natürlich entsprechend leichteren) Nachweis der qualitativen Ungleichungen auf, sondern beweise alsbald (in § 27 für $|f'(x)|$, in § 28 für $|f(x)|$) das quantitativ beste. Am unbequemsten ist dies bei $P_3(r)$; hier kommt mir eine hübsche Wendung von Löwner[4]) zustatten. Im übrigen folge ich der Beweisanordnung von R. Nevanlinna[5]). Die entscheidenden Zwischenstationen sind Satz 1 von Gronwall[6]), die Fabersche[7]) Einführung des Hilfssatzes 1, Satz 2 von Bieberbach[8]), Satz 3 von Bieberbach[9]) und Satz 6 von Faber[10]).

Es werden sich als beste Schranken

$$P_1(r) = \frac{1-r}{(1+r)^3}, \; P_2(r) = \frac{1+r}{(1-r)^3}, \; P_3(r) = \frac{r}{(1+r)^2}, \; P_4(r) = \frac{r}{(1-r)^2}$$

ergeben. Alsbald sei begründet, daß diese Schranken und $\left(\dfrac{1+r}{1-r}\right)^4$ als kleinstes $\Omega(r)$ unverschärfbar sind. Die Funktion

$$k(x) = \sum_{n=1}^{\infty} n x^n = \frac{x}{(1-x)^2}$$

ist für $|x| < 1$ schlicht; denn der Wert 0 wird nur in $x = 0$ angenommen, und aus

$$x_1 \neq x_2, \quad 0 < |x_1| < 1, \quad 0 < |x_2| < 1$$

---

1) Koebe 1, S. 204.
2) Hurwitz 2, S. 249.
3) Bieberbach 1, S. 946.
4) Löwner, S. 75.
5) Nevanlinna, S. 2.
6) Gronwall, S. 75 und 138.
7) Faber 4, S. 41.
8) Bieberbach 1, S. 945.
9) Bieberbach 2, S. 296.
10) Faber 4, S. 39.

folgt

$$\frac{1}{k(x_1)} - \frac{1}{k(x_2)} = \frac{(1-x_1)^2}{x_1} - \frac{(1-x_2)^2}{x_2}$$

$$= \frac{1}{x_1} + x_1 - \frac{1}{x_2} - x_2 = (x_1 - x_2)\left(1 - \frac{1}{x_1 x_2}\right) \neq 0,$$

$$k(x_1) \neq k(x_2).$$

Aus

$$k'(x) = \frac{1+x}{(1-x)^3}, \quad k'(-r) = \frac{1-r}{(1+r)^3}, \quad k'(r) = \frac{1+r}{(1-r)^3},$$

$$k(-r) = -\frac{r}{(1+r)^2}, \quad k(r) = \frac{r}{(1-r)^2}, \quad \frac{k'(r)}{k'(-r)} = \left(\frac{1+r}{1-r}\right)^4$$

folgen die obigen Behauptungen.

Über beschränkte Potenzreihen.

§ 1.
Eine notwendige und hinreichende Bedingung für die Beschränktheit.

Satz 1.

Es sei

$$f(x) = \sum_{n=0}^{\infty} a_n x^n$$

für $|x| < 1$ konvergent.

Es werde für jedes x und jedes ganze $n \geqq 0$

$$s_n(x) = \sum_{v=0}^{n} a_v x^v,$$

$$t_n(x) = \frac{s_0(x) + s_1(x) + \cdots + s_n(x)}{n+1}$$

gesetzt.

Damit für $|x| < 1$

$$|f(x)| \leqq 1$$

ist, ist notwendig und hinreichend, daß für jedes n und für alle x der Peripherie $|x| = 1$

$$|t_n(x)| \leqq 1$$

ist.

Beweis: 1) Es sei für $|x| = 1$ und jedes $n \geqq 0$

$$|t_n(x)| \leqq 1.$$

Dann gilt diese Ungleichung für $|x| < 1$ und jedes $n \geqq 0$. Für $|x| < 1$ ist

$$\lim_{n=\infty} s_n(x) = f(x),$$

also

$$\lim_{n=\infty} t_n(x) = f(x),$$
$$|f(x)| \leqq 1.$$

2) Für $|x| < 1$ ist

$$\frac{1}{(1-x)^2} f(x) = \sum_{n=0}^{\infty} x^n \cdot \sum_{n=0}^{\infty} x^n \cdot \sum_{n=0}^{\infty} a_n x^n = \sum_{n=0}^{\infty} x^n \cdot \sum_{n=0}^{\infty} s_n(1) x^n$$

$$= \sum_{n=0}^{\infty} (n+1) t_n(1) x^n.$$

Es sei nun für $|x| < 1$

$$|f(x)| \leqq 1.$$

Dann ist bei Integration über den Kreis $|x| = r$, $0 < r < 1$ in positivem Sinne

$$(n+1) t_n(1) = \frac{1}{2\pi i} \int \frac{f(x)}{(1-x)^2 x^{n+1}} \, dx;$$

wenn nun zum Integranden die für $x = 0$, also für $|x| \leqq r$ reguläre Funktion

$$\frac{f(x)}{(1-x)^2} \cdot \frac{(1-x^{n+1})^2 - 1}{x^{n+1}}$$

addiert wird, ergibt sich

$$(n+1) t_n(1) = \frac{1}{2\pi i} \int \frac{f(x)(1-x^{n+1})^2}{(1-x)^2 x^{n+1}} \, dx$$

$$= \frac{1}{2\pi i} \int \frac{f(x)}{x^{n+1}} (1+x+\cdots+x^n)^2 \, dx,$$

$$(n+1)|t_n(1)| \leqq \frac{1}{2\pi} \int_0^{2\pi} \frac{1}{r^{n+1}} |1+x+\cdots+x^n|^2 \, r \, d\varphi \qquad \left(x = r e^{\varphi i}\right)$$

$$= \frac{1}{2\pi r^n} \int_0^{2\pi} |1+x+\cdots+x^n|^2 \, d\varphi;$$

dieser Ausdruck ist nach einer schon zu Beginn der Einleitung vorgekommenen bekannten Identität

$$= \frac{1}{2\pi r^n} \cdot 2\pi (1^2 + 1^2 r^2 + \cdots + 1^2 r^{2n}) = \frac{1}{r^n} (1 + r^2 + \cdots + r^{2n}).$$

Aus

$$(n+1)|t_n(1)| \leqq \frac{1}{r^n} (1 + r^2 + \cdots + r^{2n})$$

folgt, da die linke Seite von r frei ist,

$$(n+1)\,|t_n(1)| \leqq \lim_{r=1} \frac{1}{r^n}\,(1+r^2+\cdots+r^{2n}) = n+1,$$

$$|t_n(1)| \leqq 1.$$

Wenn dies bei beliebigem reellem φ auf die gleichfalls für $|x|<1$ reguläre und absolut 1 nicht übersteigende Funktion

$$f\left(e^{\varphi i}x\right) = f_1(x)$$

angewendet wird, erhält man

$$\left|t_n\left(e^{\varphi i}\right)\right| \leqq 1.$$

Zusatz: Ich schreibe kurz t_n statt $t_n(1)$, s_n statt $s_n(1)$. Für die Menge aller $f(x)$, die im Kreise $|x|<1$ regulär und absolut $\leqq 1$ sind, ist natürlich nicht nur bei jedem n

$$|t_n| \leqq 1\,;$$

sondern 1 ist auch bei jedem einzelnen n die obere Grenze von $|t_n|$ für jene Menge. Denn die Funktion $f(x) = 1$ liefert bei jedem n

$$s_n = 1,$$
$$t_n = 1.$$

Satz 2.

Es sei für $|x|<1$

$$f(x) = \sum_{n=0}^{\infty} a_n x^n$$

konvergent und

$$|f(x)| \leqq 1.$$

Dann ist für $|x| = 1$, $n \geqq 0$

$$|s_0(x)| + |s_1(x)| + \cdots + |s_n(x)| \leqq n+1\,;$$

sogar $\left(\text{was wegen } |s| \leqq \dfrac{1}{2} + \dfrac{|s|^2}{2} \text{ das vorige enthält}\right)$

$$|s_0(x)|^2 + |s_1(x)|^2 + \cdots + |s_n(x)|^2 \leqq n+1.$$

Vorbemerkung: In Verbindung mit Satz 1 ergibt sich also: Die drei Relationen

$$\left|\sum_{v=0}^{n} s_v(x)\right| \leqq n+1, \qquad \sum_{v=0}^{n} |s_v(x)| \leqq n+1, \qquad \sum_{v=0}^{n} |s_v(x)|^2 \leqq n+1$$

$$\text{für } |x| = 1, \ n \geqq 0$$

besagen genau dasselbe. In der Tat folgt aus der dritten die zweite, aus der zweiten die erste, aus der ersten nach Satz 1

$$|f(x)| \leqq 1 \ \text{ für } |x| < 1$$

und hieraus nach Satz 2 die dritte.

Beweis: Es genügt, die Behauptung für $x = 1$ zu beweisen (da sonst nur $f(\varepsilon x)$ mit $|\varepsilon| = 1$ zu betrachten ist).

Wird s_n statt $s_n(1)$ geschrieben, so ist für $|x| < 1$

$$f(x)(1 + x + \cdots + x^n) = s_0 + s_1 x + \cdots + s_n x^n + c_{n+1}^{(n)} x^{n+1} + c_{n+2}^{(n)} x^{n+2} + \cdots.$$

Für $0 \leqq \varrho < 1$ ist, $x = \varrho\, e^{\varphi i}$ gesetzt,

$$|s_0|^2 + \cdots + |s_n|^2 \varrho^{2n} \leqq |s_0|^2 + \cdots + |s_n|^2 \varrho^{2n} + |c_{n+1}^{(n)}|^2 \varrho^{2(n+1)} + \cdots$$

$$= \frac{1}{2\pi} \int_0^{2\pi} |f(x)(1 + x + \cdots + x^n)|^2 \, d\varphi$$

$$\leqq \frac{1}{2\pi} \int_0^{2\pi} |1 + x + \cdots + x^n|^2 \, d\varphi = 1 + \varrho^2 + \cdots + \varrho^{2n},$$

und $\varrho \to 1$ gibt die Behauptung

$$|s_0|^2 + \cdots + |s_n|^2 \leqq n + 1.$$

Satz 3.

Es sei für $|x| < 1$

$$f(x) = \sum_{n=0}^{\infty} a_n x^n$$

konvergent und

$$|f(x)| \leqq 1.$$

Dann ist

$$|s_n(x)| \leqq 1 \ \text{ für } |x| \leqq \tfrac{1}{2},\ n \geqq 0.$$

Beweis: Es genügt, die Behauptung für $x = \tfrac{1}{2}$ zu zeigen. Dann ist,

$$S_n = \begin{cases} \displaystyle\sum_{v=0}^{n} s_v(1) & \text{für } n \geqq 0, \\ 0 & \text{für } n < 0 \ ^1) \end{cases}$$

gesetzt, für $n \geqq 0$ nach Satz 1

---

1) Übrigens ein für allemal: Eine leere Summe bedeute 0, ein leeres Produkt 1.

$$\left|s_n\!\left(\frac{1}{2}\right)\right| = \left|\sum_{\nu=0}^{n}\frac{a_\nu}{2^\nu}\right| = \left|\sum_{\nu=0}^{n}\frac{S_\nu - 2S_{\nu-1} + S_{\nu-2}}{2^\nu}\right|$$

$$= \left|\sum_{\nu=0}^{n}\left(\frac{S_\nu}{2^\nu} - \frac{S_{\nu-1}}{2^{\nu-1}}\right) + \sum_{\nu=0}^{n}\frac{S_{\nu-2}}{2^\nu}\right|$$

$$= \left|\frac{S_n}{2^n} + \sum_{\nu=1}^{n}\frac{S_{\nu-2}}{2^\nu}\right| \leqq \frac{n+1}{2^n} + \sum_{\nu=1}^{n}\frac{\nu-1}{2^\nu} = 1.$$

§ 2.

Die Landausche obere Grenze von $|s_n|$.

Hilfssatz (von Eneström[1])).

Voraussetzung: $n \geqq 1,\ c_0 > c_1 > \cdots > c_n > 0$.

Behauptung: *Alle Wurzeln des Polynoms*

$$K(x) = c_0 + c_1 x + \cdots + c_n x^n$$

sind absolut > 1.

Beweis: Es ist für alle x

$$(1-x)\,K(x) = c_0 - \{(c_0 - c_1)x + (c_1 - c_2)x^2 + \cdots + (c_{n-1} - c_n)x^n + c_n x^{n+1}\},$$

$$|(1-x)\,K(x)| \geqq c_0 - \{(c_0 - c_1)|x| + \cdots + (c_{n-1} - c_n)|x|^n + c_n |x|^{n+1}\},$$

wo das Gleichheitszeichen nur dann eintreten kann, wenn $x \geqq 0$ ist. Für $|x| \leqq 1$ exkl. $x = 1$ ist daher

$$|(1-x)\,K(x)| > c_0 - \{(c_0 - c_1) + \cdots + (c_{n-1} - c_n) + c_n\} = 0,$$
$$K(x) \neq 0.$$

Im Punkte $x = 1$ ist aber gewiß

$$K(x) = c_0 + \cdots + c_n > 0.$$

Satz (von Landau).

Für die Menge aller $f(x)$, die im Kreise $|x| < 1$ regulär und absolut $\leqq 1$ sind, hat bei festem n die obere Grenze von $|s_n| = |a_0 + \cdots + a_n|$ den Wert

$$1 + \left(\frac{1}{2}\right)^2 + \left(\frac{1\cdot 3}{2\cdot 4}\right)^2 + \cdots + \left(\frac{1\cdot 3 \ldots (2n-1)}{2\cdot 4 \ldots 2n}\right)^2 = G_n.\ \ [2]$$

Mit anderen Worten: Stets ist

$$|s_n| \leqq G_n,$$

---

1) Eneström, S. 409.
2) G_0 bedeutet 1.

und zu $n \geqq 0$, $\delta > 0$ *gibt es ein* $f(x)$ *der Menge, so daß*

$$|s_n| > G_n - \delta$$

ist.

Vorbemerkung: Was den zweiten Teil der Behauptung (mit δ) betrifft, so wird übrigens ein (für alle δ brauchbares) $f(x)$ mit

$$s_n = G_n$$

angegeben werden.

Beweis: 1) Es sei $f(x)$ für $|x| < 1$ regulär und $0 < r < 1$. Dann ist bei Integration über den Kreis um 0 mit dem Radius r in positivem Sinne

$$2\pi i s_n = \int f(x)\left(\frac{1}{x} + \frac{1}{x^2} + \cdots + \frac{1}{x^{n+1}}\right) dx$$

$$= \int \frac{f(x)}{x^{n+1}}\left(1 + x + \cdots + x^n\right) dx = \int \frac{f(x)}{x^{n+1}} Q(x)\, dx,$$

wo $Q(x)$ irgend ein mit $1 + x + \cdots + x^n$ beginnendes Polynom

$$Q(x) = 1 + x + \cdots + x^n + b_{n+1} x^{n+1} + \cdots + b_{n+k} x^{n+k}$$

ist.

Nun ist für $|x| < 1$

$$\left(\sum_{\nu = 0}^{\infty} \binom{-\frac{1}{2}}{\nu}(-x)^\nu\right)^2 = \left((1-x)^{-\frac{1}{2}}\right)^2 = \frac{1}{1-x} = 1 + x + x^2 + \cdots,$$

also,

$$K_n(x) = \sum_{\nu = 0}^{n} \binom{-\frac{1}{2}}{\nu}(-x)^\nu$$

gesetzt,

$$(K_n(x))^2 = 1 + x + \cdots + x^n + b_{n+1} x^{n+1} + \cdots + b_{2n} x^{2n}$$

ein Polynom von der Gestalt $Q(x)$ und daher

$$2\pi i s_n = \int \frac{f(x)}{x^{n+1}} (K_n(x))^2\, dx.$$

Wenn nun

$$|f(x)| \leqq 1$$

für $|x| < 1$ vorausgesetzt wird, liefert diese Identität weiter

$$2\pi |s_n| \leqq \int_0^{2\pi} \frac{1}{r^{n+1}} |K_n(x)|^2 r\, d\varphi = \frac{1}{r^n} \int_0^{2\pi} |K_n(x)|^2\, d\varphi$$

$$= \frac{2\pi}{r^n} \sum_{\nu = 0}^{n} \binom{-\frac{1}{2}}{\nu}^2 r^{2\nu},$$

also, da die linke Seite von r frei ist,

$$|s_n| \leqq \sum_{v=0}^{n} \binom{-\frac{1}{2}}{v}^2 = \sum_{v=0}^{n} \left(\frac{\left(-\frac{1}{2}\right)\left(-\frac{3}{2}\right)\cdots\left(-\frac{2v-1}{2}\right)}{v!} \right)^2$$

$$= \sum_{v=0}^{n} \left(\frac{1.3\ldots(2v-1)}{2.4\ldots 2v} \right)^2 = G_n.$$

2) Es sei $n \geqq 0$ gegeben. Die Funktion

$$K_n(x) = \sum_{v=0}^{n} \binom{-\frac{1}{2}}{v}(-x)^v = 1 + \frac{1}{2}x + \frac{1.3}{2.4}x^2 + \cdots + \frac{1.3\ldots(2n-1)}{2.4\ldots 2n}x^n$$

verschwindet nach dem Eneströmschen Satz für $|x| \leqq 1$ nicht; daher ist

$$f_n(x) = \frac{x^n K_n\left(\frac{1}{x}\right)}{K_n(x)} = \frac{\dfrac{1.3\ldots(2n-1)}{2.4\ldots 2n} + \cdots + \dfrac{1}{2}x^{n-1} + x^n}{1 + \dfrac{1}{2}x + \cdots + \dfrac{1.3\ldots(2n-1)}{2.4\ldots 2n}x^n}$$

für $|x| \leqq 1$ regulär. Ferner ist für $x = e^{\varphi i}$, $\boldsymbol{\varphi} \gtreqless 0$

$$|f_n(x)| = \frac{\left|K_n\left(\frac{1}{x}\right)\right|}{|K_n(x)|} = \frac{\left|K_n\left(e^{-\varphi i}\right)\right|}{\left|K_n\left(e^{\varphi i}\right)\right|} = 1,$$

also für $|x| \leqq 1$

$$|f_n(x)| \leqq 1.$$

Die obige Identität

$$2\pi i s_n = \int \frac{f(x)}{x^{n+1}}(K_n(x))^2\, dx$$

kann daher bei der Funktion $f(x) = f_n(x)$ alsbald auf den Einheitskreis bezogen werden und liefert

$$2\pi i s_n = \int \frac{x^n K_n\left(\frac{1}{x}\right)}{K_n(x)} \frac{1}{x^{n+1}}(K_n(x))^2\, dx = \int \frac{1}{x}K_n(x)K_n\left(\frac{1}{x}\right)dx$$

$$= \int_0^{2\pi} \frac{1}{x}\, x\, K_n\left(\frac{1}{x}\right)x\, i\, d\varphi = i \int_0^{2\pi} K_n\left(e^{\varphi i}\right)K_n\left(e^{-\varphi i}\right)d\varphi$$

$$= i \int_0^{2\pi} |K_n(x)|^2\, d\varphi = i.2\pi G_n,$$

$$s_n = G_n.$$

Zusatz: Es ist für das folgende nützlich, G_n für wachsendes n asymptotisch zu studieren. Bekanntlich (Wallissche Formel) ist bei $n \to \infty$

$$\prod_{v=1}^{n} \frac{2v-1}{2v} \frac{2v+1}{2v} \rightarrow \frac{2}{\pi},$$

also

$$\left(\frac{1.3\ldots(2n-1)}{2.4\ldots 2n}\right)^2 = \prod_{v=1}^{n} \frac{2v-1}{2v} \frac{2v-1}{2v} \sim \frac{1}{\pi n},$$

$$G_n = 1 + \sum_{v=1}^{n} \left(\frac{1.3\ldots(2v-1)}{2.4\ldots 2v}\right)^2 = 1 + \frac{1}{\pi} \sum_{v=1}^{n} \frac{1}{v} + o \sum_{v=1}^{n} \frac{1}{v}$$

$$\sim \frac{1}{\pi} \log n.$$

§ 3.

Fejérs Satz, daß s_n bei festem $f(x)$ nicht beschränkt zu sein braucht.

Hilfssatz.

Voraussetzung: *Es sei* $m \geq 0$, $b_0 > 0$, $b_1 > 0$, ..., $b_m > 0$, $n > 0$, $c_0 > c_1 > \cdots > c_n > 0$.

Behauptung: *Alle Partialsummen im Punkte* $x = 1$

$$S_k = g_0 + g_1 + \cdots + g_k$$

der (nach dem Eneströmschen Satz für $|x| \leq 1$ *konvergenten) Potenzreihe*

$$R(x) = \frac{b_0 + \cdots + b_m x^m}{c_0 + \cdots + c_n x^n} = g_0 + g_1 x + \cdots + g_k x^k + \cdots$$

sind positiv.

Beweis: Es ist in einem gewissen Kreise

$$\frac{R(x)}{1-x} = (b_0 + \cdots + b_m x^m) \frac{1}{c_0 - \{(c_0 - c_1) x + \cdots + (c_{n-1} - c_n) x^n + c_n x^{n+1}\}}$$

$$= (b_0 + \cdots + b_m x^m) \left(\frac{1}{c_0} + \frac{(c_0 - c_1) x + \cdots + c_n x^{n+1}}{c_0^2} + \frac{\{(c_0 - c_1) x + \cdots + c_n x^{n+1}\}^2}{c_0^3} + \cdots \right)$$

$$= S_0 + S_1 x + \cdots + S_k x^k + \cdots,$$

und hierin sind offenbar alle $S_k > 0$.

Satz.

Es gibt eine für $|x| < 1$ *reguläre und absolut 1 nicht übersteigende Funktion*

$$f(x) = \sum_{n=0}^{\infty} a_n x^n,$$

für welche

$$s_n = \sum_{\nu=0}^{n} a_\nu$$

nicht beschränkt ist.

Vorbemerkung: Das spezielle $f(x)$ wird sogar noch mehr leisten. Für jedes reelle φ wird nämlich bei wachsendem r

$$\lim_{r=1} f\left(r e^{\varphi i}\right) = g(\varphi)$$

vorhanden sein (eo ipso ist $|g(\varphi)| \leq 1$); der Limes wird sogar gleichmäßig für alle jene φ vorhanden sein. Mit anderen Worten [1]: Die Funktion $f(x)$ läßt sich auf dem Rande so definieren, daß $f(x)$ für $|x| \leq 1$ stetig ist.

Beweis: Wenn $f_n(x)$ die spezielle rationale Funktion aus § 2 bezeichnet, setze ich

$$f(x) = \frac{6}{\pi^2} \sum_{\nu=1}^{\infty} \frac{f_{2^{\nu^3}}(x)}{\nu^2} = \frac{6}{\pi^2} f_2(x) + \frac{6}{\pi^2} \frac{f_{256}(x)}{4} + \frac{6}{\pi^2} \frac{f_{2^{27}}(x)}{9} + \cdots.$$

Da diese unendliche Reihe für $|x| \leq 1$ wegen

$$\left| \frac{f_{2^{\nu^3}}(x)}{\nu^2} \right| \leq \frac{1}{\nu^2}$$

gleichmäßig konvergiert, stellt sie eine für $|x| \leq 1$ stetige, für $|x| < 1$ nach dem Weierstraßschen Doppelreihensatz reguläre Funktion dar. Für $|x| < 1$ ist

$$|f(x)| \leq \frac{6}{\pi^2} \sum_{\nu=1}^{\infty} \frac{1}{\nu^2} = 1.$$

In der für $|x| < 1$ gültigen Potenzreihenentwicklung

---

1) Denn zunächst ist $g(\varphi)$ als gleichmäßiger Limes eine stetige Funktion von φ. Ferner ist das am Rande durch $g(\varphi)$ definierte $f(x)$ im Punkte $x = e^{\varphi_0 i}$ stetig; denn zu gegebenem $\delta > 0$ gibt es ein $\varepsilon = \varepsilon(\delta) > 0$, so daß für

$$\varphi_0 - \varepsilon < \varphi < \varphi_0 + \varepsilon$$
$$|g(\varphi) - g(\varphi_0)| < \frac{\delta}{2}$$

ist; dann ein $\varrho = \varrho(\delta)$, so daß $0 < \varrho < 1$ und für $\varrho < r \leq 1$, $\varphi_0 - \varepsilon < \varphi < \varphi_0 + \varepsilon$

$$\left| f\left(r e^{\varphi i}\right) - g(\varphi) \right| < \frac{\delta}{2}$$

ist, also

$$\left| f\left(r e^{\varphi i}\right) - g(\varphi_0) \right| < \delta.$$

$$f(x) = \sum_{n=0}^{\infty} a_n x^n$$

ist ferner nach dem Weierstraßschen Doppelreihensatz a_n die Summe der Koeffizienten von x^n in den einzelnen Teilreihen $\dfrac{6}{\pi^2 \nu^2} f_{2\nu^3}(x)$. Da bei diesen nach dem Hilfssatz alle Partialsummen im Punkte $x = 1$ positiv sind und da in $f_n(x)$ die Summe der $n+1$ ersten Koeffizienten G_n ist, so sieht man, daß für $\nu = 1, 2, 3, \ldots$

$$s_{2\nu^3} > \frac{6}{\pi^2 \nu^2}\, G_{2\nu^3} \sim \frac{6}{\pi^2 \nu^2} \cdot \frac{1}{\pi} \log(2^{\nu^3}) = \frac{6 \log 2}{\pi^3}\, \nu$$

ist. Daher wächst $s_{2\nu^3}$ mit ν über alle Grenzen, und es ist, wie behauptet,

$$s_n \neq O(1).$$

§ 4.

Über die Majorante einer beschränkten Funktion.

Satz 1 (von Hardy).

Voraussetzung: *Es sei für* $|x| < 1$

$$f(x) = \sum_{n=0}^{\infty} a_n x^n,$$

$$|f(x)| \leqq 1,$$

und es werde für $0 < r < 1$

$$\mathfrak{M}(r) = \sum_{n=0}^{\infty} |a_n| r^n$$

gesetzt.

Behauptung: *Bei* $r \to 1$ *ist*

$$\mathfrak{M}(r) = o\left(\frac{1}{\sqrt{1-r}}\right).$$

Beweis: Es konvergiert (vergl. den Beginn der Einleitung)

$$\sum_{n=0}^{\infty} |a_n|^2.$$

Nach der Cauchyschen Ungleichung ist also für jedes $m \geqq 0$

$$\mathfrak{M}(r) = \sum_{n=0}^{m} |a_n| r^n + \sum_{n=m+1}^{\infty} |a_n| r^n$$

$$\leqq \sum_{n=0}^{m} |a_n| + \sqrt{\sum_{n=m+1}^{\infty} |a_n|^2 \cdot \sum_{n=m+1}^{\infty} r^{2n}}$$

$$\leqq \sum_{n=0}^{m} |a_n| + \sqrt{\sum_{n=m+1}^{\infty} |a_n|^2 \cdot \sum_{n=0}^{\infty} r^n} = \sum_{n=0}^{m} |a_n| + \frac{\sqrt{\sum_{n=m+1}^{\infty} |a_n|^2}}{\sqrt{1-r}},$$

$$\overline{\lim_{r=1}} \sqrt{1-r}\, \mathfrak{M}(r) \leqq \sqrt{\sum_{n=m+1}^{\infty} |a_n|^2},$$

also, da die linke Seite von m frei ist,

$$\lim_{r=1} \sqrt{1-r}\, \mathfrak{M}(r) = 0.$$

Satz 2 (von Bohr[1]).

Voraussetzung: *Wie bei Satz 1.*

Behauptung: *Es gibt eine positive absolute Konstante ϑ, so daß für alle jene $f(x)$*

$$\mathfrak{M}(\vartheta) \leqq 1$$

ist.

Übrigens wird $\vartheta = \dfrac{1}{3}$ und keine größere Zahl dies leisten.

Vorbemerkung: Der Satz liefert speziell für jede ganze transzendente Funktion bei allen $r > 0$, wenn

$$M(r) = \operatorname*{Max.}_{|x| = r} |f(x)|$$

gesetzt wird, die Ungleichung

$$\mathfrak{M}(r) = \sum_{n=0}^{\infty} |a_n| r^n \leqq M(3r);$$

denn, wenn

$$f(x) = \sum_{n=0}^{\infty} a_n x^n$$

ganz und nicht identisch 0 ist, wende man auf

---

1) Die Existenz eines ϑ ist von Bohr, die genauere Konstantenbestimmung $\dfrac{1}{3}$ von den ebenda zitierten M. Riesz, I. Schur, F. Wiener.

$$\frac{f(3rx)}{M(3r)} = \sum_{n=0}^{\infty} \frac{a_n \, 3^n \, r^n}{M(3r)} x^n = f_1(x)$$

den obigen Satz an:

$$1 \geqq \sum_{n=0}^{\infty} \frac{|a_n| \, 3^n \, r^n}{M(3r)} \left(\frac{1}{3}\right)^n = \frac{1}{M(3r)} \sum_{n=0}^{\infty} |a_n| \, r^n = \frac{\mathfrak{M}(r)}{M(3r)}.$$

Es ist sehr bemerkenswert, daß überhaupt eine absolute Konstante K mit

$$\mathfrak{M}(r) \leqq M(Kr)$$

existiert; denn für jedes $K > 1$ (andere kommen ohnehin nicht in Betracht) liefert die Cauchysche Koeffizientenabschätzung

$$|a_n| \leqq \frac{M(Kr)}{(Kr)^n}$$

bloß

$$\mathfrak{M}(r) \leqq \sum_{n=0}^{\infty} \frac{M(Kr)}{(Kr)^n} r^n = M(Kr) \sum_{n=0}^{\infty} \frac{1}{K^n},$$

wo der Faktor von $M(Kr)$ größer als 1 ist; auch die schärfere Abschätzung

$$\sum_{n=0}^{\infty} |a_n|^2 (Kr)^{2n} \leqq (M(Kr))^2$$

führt nicht zum Ziel, sondern ergibt nur

$$\mathfrak{M}(r) = \sum_{n=0}^{\infty} |a_n| (Kr)^n \frac{1}{K^n} \leqq \sqrt{\sum_{n=0}^{\infty} |a_n|^2 (Kr)^{2n} \cdot \sum_{n=0}^{\infty} \frac{1}{K^{2n}}}$$

$$\leqq M(Kr) \sqrt{\sum_{n=0}^{\infty} \frac{1}{K^{2n}}},$$

was zwar besser ist als das obige, aber doch stets einen Faktor > 1 liefert.

Beweis: 1) Der Spezialfall $n = 1$ des Satzes 1 aus § 1 besagt

$$|t_1(x)| = \left| \frac{s_0(x) + s_1(x)}{2} \right| = \left| \frac{2a_0 + a_1 x}{2} \right| \leqq 1$$

für $|x| = 1$; also, wenn dies x so gewählt wird, daß a_0 und $a_1 x$ auf demselben von 0 ausgehenden Halbstrahl liegen,

$$\frac{2|a_0| + |a_1|}{2} \leqq 1,$$

$$|a_1| \leqq 2(1 - |a_0|).$$

Für jedes $n \geqq 1$ ist, $e^{\frac{2\pi i}{n}} = \eta$ und $x^n = y$ gesetzt,

$$\frac{f(x)+f(\eta x)+\cdots+f(\eta^{n-1}x)}{n} = \sum_{\nu=0}^{\infty} a_\nu \frac{1^\nu+\eta^\nu+\eta^{2\nu}+\cdots+\eta^{(n-1)\nu}}{n} x^\nu$$

$$= a_0+a_n x^n+a_{2n}x^{2n}+\cdots = a_0+a_n y+a_{2n}y^2+\cdots$$

eine für $|y|<1$ reguläre, ebenda absolut 1 nicht übersteigende Funktion von y; folglich ist

$$|a_n| \leqq 2(1-|a_0|). \quad {}^1)$$

Daher ist

$$\mathfrak{M}\left(\frac{1}{3}\right) = |a_0|+\sum_{n=1}^{\infty}\frac{|a_n|}{3^n} \leqq |a_0|+\sum_{n=1}^{\infty}\frac{2(1-|a_0|)}{3^n}$$

$$= |a_0|+2(1-|a_0|)\frac{1}{2} = 1.$$

2) Die Funktion

$$f(x) = \frac{\alpha-x}{1-\alpha x}, \quad 0<\alpha<1,$$

bildet den Einheitskreis auf sich ab, erfüllt also die Voraussetzung. Wegen der für $|x|<\dfrac{1}{\alpha}$, also gewiß für $|x|<1$ gültigen Reihenentwicklung

$$f(x) = (\alpha-x)(1+\alpha x+\alpha^2 x^2+\cdots) = \alpha-(1-\alpha^2)x-(\alpha-\alpha^3)x^2-\cdots$$

ist bei $0<\vartheta<1$

$$\mathfrak{M}(\vartheta) = \alpha+(1-\alpha^2)\vartheta+(\alpha-\alpha^3)\vartheta^2+\cdots = \alpha+\frac{(1-\alpha^2)\vartheta}{1-\alpha\vartheta}.$$

Es ist daher

$$\mathfrak{M}(\vartheta) > 1$$

für

$$\alpha+\frac{(1-\alpha^2)\vartheta}{1-\alpha\vartheta} > 1,$$

d. h. für

$$\vartheta > \frac{1}{1+2\alpha}.$$

Zu jedem $\vartheta > \dfrac{1}{3}$ gibt es demnach ein α mit $0<\alpha<1$, so daß

$$\mathfrak{M}(\vartheta) > 1$$

ist.

---

1) Diese Betrachtung lehrt auch: Jede Relation zwischen a_0 und a_1, die für die Menge unserer $f(x)$ gilt, besteht auch zwischen a_0 und a_n.

§ 5.

Satz von Fatou.

Satz (von Lebesgue).

Voraussetzung: *Es sei $f(x)$ für $0 \leq x \leq 1$ reell,*

$$\Delta(x, x') = \frac{f(x) - f(x')}{x - x'} \left.\vphantom{\frac{f(x)-f(x')}{x-x'}}\right\} \text{ für } 0 \leq x \leq 1, \ 0 \leq x' \leq 1, \ x \neq x'.$$
$$|\Delta(x, x')| \leq 1$$

Behauptung: $f(x)$ *ist für $0 < x < 1$ bis auf eine Nullmenge differentiierbar.*

Vorbemerkung: Für $p > 0$, $\alpha < \beta$ lehrt die triviale Transformation

$$f(x) = \frac{p}{\beta - \alpha} F(\alpha + (\beta - \alpha)x)$$

den entsprechenden Wortlaut für das Intervall $\alpha \leq x \leq \beta$ bei der Annahme $|\Delta| \leq p$.

Beweis: 1. Es sei $0 < \varepsilon < 2$. Man wähle l und die x_ν ($l = l(\varepsilon)$, $x_\nu = x_\nu(\varepsilon)$) mit

$$0 = x_0 < x_1 < \cdots < x_l = 1,$$

so daß, wenn der Punkt

$$(x_\nu, f(x_\nu)) = P_\nu$$

gesetzt wird und $\overline{AB}$ die Länge der Strecke von A nach B bezeichnet,

$$\sum_{\nu = 0}^{l-1} \overline{P_\nu P_{\nu+1}}$$

höchstens um ε^4 unter der oberen Grenze aller solchen Summen bei allen Wahlen von Zwischenpunkten liegt. Dann ist bei jeder Einschiebung weiterer (endlich vieler) Teilpunkte der mögliche Zuwachs der Summe $\leq \varepsilon^4$.

Wir betrachten irgend ein festes Intervall

$$I = I_\nu = (x_\nu \ldots x_{\nu+1}).$$

Auf jedem abgeschlossenen Teilintervall von I gibt es entweder kein Paar x, x' mit

$$\varphi(x, x') = |\Delta(x, x') - \Delta(x_\nu, x_{\nu+1})| \geq \varepsilon$$

oder ein solches mit maximalem $|x - x'|$. Denn gibt es eines und ist g die obere Grenze von $|x - x'|$ für alle solchen, so wähle man $x^{(\lambda)}$, $x'^{(\lambda)}$ ($\lambda = 1, 2, \ldots$) mit

$$x^{(\lambda)} \to \xi, \quad x'^{(\lambda)} \to \xi', \quad |x^{(\lambda)} - x'^{(\lambda)}| \to g, \quad \varphi(x^{(\lambda)}, x'^{(\lambda)}) \geq \varepsilon;$$

3*

dann ist

$$|\xi - \xi'| = g;$$

ξ und ξ' gehören zum gegebenen Teilintervall, und wegen der Stetigkeit von $\varDelta(x, x')$ für $x = \xi$, $x' = \xi'$ ist

$$\varphi(\xi, \xi') \geqq \varepsilon.$$

Wir machen nun folgende Konstruktion, die entweder gar nicht erst anfängt (wenn nämlich $\varphi \geqq \varepsilon$ nicht vorkommt) oder nach endlich vielen Schritten abbricht oder ad inf. fortsetzbar ist. Hierbei sei bei jedem Intervall J sein Inneres mit (J), seine Länge mit J bezeichnet.

ξ_1, ξ_1' sei ein Paar auf I mit $\varphi \geqq \varepsilon$ und maximalem $|\xi_1 - \xi_1'|$; K_1 das von ξ_1, ξ_1' begrenzte Intervall.

$I - (K_1)$ besteht, abgesehen von losen Punkten, aus höchstens zwei abgeschlossenen Intervallen. Mit jedem dieser Intervalle verfahren wir (bei der alten Bedeutung von φ) ebenso wie vorhin mit I und wählen von den etwaigen darauf liegenden ein bis zwei Punktepaaren eines mit größtem Abstand. Dann haben wir also ein Paar ξ_2, ξ_2' mit $\varphi \geqq \varepsilon$ auf einem der Intervalle von $I - (K_1)$, so daß es auf keinem dieser Intervalle zwei von einander entferntere Punkte mit $\varphi \geqq \varepsilon$ gibt. K_2 sei das von ξ_2, ξ_2' begrenzte Intervall.

Allgemein: Hat man $K_1, \ldots, K_{m-1}$ und enthält $I - (K_1) - \cdots - (K_{m-1})$ noch ein Restintervall, so wähle man auf jedem der endlich vielen Restintervalle, auf denen es ein Punktepaar mit $\varphi \geqq \varepsilon$ gibt, eines mit möglichst großem Abstand; und aus ihnen eines, wo dieser Abstand am größten ist. Es heiße ξ_m, ξ_m', und K_m sei das von diesen Punkten begrenzte Intervall.

Gibt es unendlich viele K_m, so ist offenbar (da keine zwei K_m innere Punkte gemeinsam haben)

$$\sum_{m=1}^{\infty} \overline{K_m}$$

konvergent, also

$$\lim_{m=\infty} \overline{K_m} = 0.$$

Jedenfalls haben die Intervalle K_m folgende zwei Eigenschaften:

1) Bei festem m liege x auf I, x' auf I; es sei $x \neq x'$ und x zu keinem der Intervalle $K_1, \ldots, K_m$ gehörig, x' zu keinem der Inneren $(K_1), \ldots, (K_m)$ gehörig; $(x \ldots x')$ enthalte eines der Intervalle $K_1, \ldots, K_m$. Dann ist

$$\varphi < \varepsilon.$$

Dies ist nach Konstruktion klar: Wäre $\varphi \geq \varepsilon$, so wäre das früheste in $(x \ldots x')$ enthaltene Intervall K_n zu klein gewählt.

2) Es liege x auf I, x' auf I; es sei $x \neq x'$. x gehöre zu keinem K_m, x' zu keinem (K_m). Dann ist

$$\varphi < \varepsilon.$$

Denn enthält $(x \ldots x')$ ein K_m, so folgt es aus 1). Anderenfalls gehören x und x' für jedes m einem der zu $I - (K_1) - \cdots - (K_m)$ gehörigen Restintervalle an. Im Falle endlich vieler K_m $(m = 1, \ldots, M)$ würde, wenn $\varphi \geq \varepsilon$ wäre, das Verfahren nicht bei $m = M$ abbrechen; im Falle unendlich vieler K_m wähle man m mit $\overline{K_{m+1}} < |x - x'|$, und K_{m+1} wäre falsch konstruiert.

2. Es entstand für jedes $v = 0, \ldots, l-1$ eine leere oder endliche oder konvergente Reihe

$$\sum_m \overline{K_m^{(v)}}.$$

Ich behaupte

$$\sum_{v=0}^{l-1} \sum_m \overline{K_m^{(v)}} \leq 8\varepsilon^2.$$

Es genügt, für jede endliche Teilsumme

$$E = \sum_{v=0}^{l-1} \sum_m{}' \overline{K_m^{(v)}} \leq 8\varepsilon^2$$

zu zeigen.

In der Tat ist für jedes feste v, wenn die Endpunkte der etwa auf I_v gelegenen, zu unserem endlichen Vorrat gehörigen $K_m^{(v)}$ interpoliert werden und die Abszissen u_λ mit

$$x_v = u_0 < u_1 < \cdots < u_h = x_{v+1},$$

die Ordinaten

$$v_\lambda = f(u_\lambda) \quad \text{für } 0 \leq \lambda \leq h$$

entstehen,

$$(u_\lambda, v_\lambda) = Q_\lambda \quad \text{für } 0 \leq \lambda \leq h,$$
$$\Delta(u_\lambda, u_{\lambda+1}) = t_\lambda \quad \text{für } 0 \leq \lambda < h,$$
$$\Delta(x_v, x_{v+1}) = t$$

gesetzt wird (man beachte $|t_\lambda| \leq 1$, $|t| \leq 1$ und für diejenigen λ, bei denen $(u_\lambda \ldots u_{\lambda+1})$ eines der ausgewählten $K_m^{(v)}$ ist, $|t_\lambda - t| \geq \varepsilon$),

$$\overline{P_v P_{v+1}} = \overline{Q_0 Q_h} = \sum_{\lambda=0}^{h-1} \frac{u_{\lambda+1} - u_\lambda + t(v_{\lambda+1} - v_\lambda)}{\sqrt{1+t^2}}$$

$$= \sum_{\lambda=0}^{h-1} \overline{Q_\lambda Q_{\lambda+1}} \frac{1 + t t_\lambda}{\sqrt{1+t^2}\,\sqrt{1+t_\lambda^2}}$$

$$\leqq \sum_{\lambda=0}^{h-1} \overline{Q_\lambda Q_{\lambda+1}} \left(\frac{1}{2} + \frac{(1+t\,t_\lambda)^2}{2\,(1+t^2)(1+t_\lambda^2)} \right)$$

$$= \sum_{\lambda=0}^{h-1} \overline{Q_\lambda Q_{\lambda+1}} \left(1 - \frac{(t_\lambda - t)^2}{2\,(1+t^2)(1+t_\lambda^2)} \right)$$

$$\leqq \sum_{\lambda=0}^{h-1} \overline{Q_\lambda Q_{\lambda+1}} - \frac{1}{8} \sum_{\lambda=0}^{h-1} (u_{\lambda+1} - u_\lambda)(t_\lambda - t)^2 \leqq \sum_{\lambda=0}^{h-1} \overline{Q_\lambda Q_{\lambda+1}} - \frac{\varepsilon^2}{8} \sideset{}{'}\sum_m \overline{K_m^{(1)}}.$$

Wird dies für alle ν gemacht, so übertrifft das neue „Sehnenpolygon" das alte um mindestens $\dfrac{\varepsilon^2}{8} E$; diese Zahl ist also $\leqq \varepsilon^4$.

3. Jedes Intervall $K_m^{(\nu)}$ werde von seiner Mitte aus auf das $\dfrac{2}{\varepsilon}$ fache zu $L_m^{(\nu)}$ gestreckt. Dann ist

$$\sum_{\nu=0}^{l-1} \sum_m \overline{L_m^{(\nu)}} \leqq 16\,\varepsilon.$$

Die Punkte x_ν, $0 \leqq \nu \leqq l$, seien mit abgeschlossenen Intervallen der Gesamtlänge ε bedeckt. Dann haben diese und die $L_m^{(\nu)}$ zusammen eine Länge $\leqq 17\,\varepsilon$.

Es sei $0 \leqq x \leqq 1$, und x gehöre zu keinem all dieser Intervalle. Es sei x' Punkt des I_ν, zu dem x gehört, und $x' \neq x$.

I) Gehört x' zu keinem $(K_m^{(\nu)})$, so ist nach 2)

$$|\varDelta(x, x') - \varDelta(x_\nu, x_{\nu+1})| < \varepsilon.$$

II) Gehört x' zu $(K_m^{(\nu)})$, so sei x'' das von x entferntere Ende von $K_m^{(\nu)}$. Dann ist

$$\varDelta(x, x')(x - x') = \varDelta(x, x'')(x - x'') + \varDelta(x'', x')(x'' - x'),$$

$$|\varDelta(x, x') - \varDelta(x, x'')| = \left| (\varDelta(x, x') - \varDelta(x'', x')) \frac{x' - x''}{x - x''} \right|$$

$$\leqq 2 \frac{|x' - x''|}{|x - x''|} < 2 \frac{\overline{K_m^{(\nu)}}}{\frac{1}{2} \overline{L_m^{(\nu)}}} = 2\,\varepsilon.$$

Nach 1) ist

$$|\varDelta(x, x'') - \varDelta(x_\nu, x_{\nu+1})| < \varepsilon,$$

also

$$|\varDelta(x, x') - \varDelta(x_\nu, x_{\nu+1})| < 3\,\varepsilon.$$

4. Nach 3 ist für jedes genannte x und alle $x' \gtrless x$ in hinreichender Nähe von x

$$|\varDelta(x, x') - \varDelta(x_\nu, x_{\nu+1})| < 3\,\varepsilon,$$

also, wenn

$$\bar{f}'(x) = \overline{\lim_{h=0}} \frac{f(x+h)-f(x)}{h}, \quad \underline{f}'(x) = \underline{\lim_{h=0}} \frac{f(x+h)-f(x)}{h}$$

gesetzt wird,

$$\bar{f}'(x) - \underline{f}'(x) \leqq 6\,\varepsilon.$$

Daher sind die etwaigen x mit

$$0 < x < 1, \quad \bar{f}'(x) - \underline{f}'(x) > 6\,\varepsilon$$

durch abzählbar viele Intervalle der Gesamtlänge $\leqq 17\,\varepsilon$ zugedeckt. Wird dies auf $\varepsilon, \frac{\varepsilon}{2}, \frac{\varepsilon}{4}, \ldots$ angewendet, so sind die etwaigen x auf $0 < x < 1$, für die $f'(x)$ nicht existiert, durch abzählbar viele Intervalle der Gesamtlänge $\leqq 17\left(\varepsilon + \frac{\varepsilon}{2} + \cdots\right) = 34\,\varepsilon$ zugedeckt. Dies gilt für jedes ε mit $0 < \varepsilon < 2$. Jene x bilden also eine Nullmenge.

Hilfssatz 1.

Für $0 < \varrho < r$ und ganzes $n > 0$ ist

$$-\frac{i\,r^{n+1}(r^2 - \varrho^2)}{\pi} \int_{-\pi}^{\pi} e^{n\varphi i} \frac{\sin \varphi}{(r^2 - 2\,r\varrho \cos \varphi + \varrho^2)^2}\, d\varphi = n\,\varrho^{n-1}.$$

Vorbemerkung: Ist

$$g(x) = \sum_{n=1}^{\infty} b_n x^n$$

für $|x| = r$ gleichmäßig konvergent, so ist also

$$-\frac{i\,r(r^2 - \varrho^2)}{\pi} \int_{-\pi}^{\pi} g\left(r\,e^{\varphi i}\right) \frac{\sin \varphi}{(r^2 - 2\,r\varrho \cos \varphi + \varrho^2)^2}\, d\varphi$$

$$= -\frac{i\,r(r^2 - \varrho^2)}{\pi} \sum_{n=1}^{\infty} b_n r^n \int_{-\pi}^{\pi} e^{n\varphi i} \frac{\sin \varphi}{(r^2 - 2\,r\varrho \cos \varphi + \varrho^2)^2}\, d\varphi$$

$$= \sum_{n=1}^{\infty} n\,b_n \varrho^{n-1} = g'(\varrho).$$

Beweis:
$$1 + 2\sum_{m=1}^{\infty} \left(\frac{\varrho}{r}\right)^m \cos m\varphi = \Re \frac{1 + \frac{\varrho}{r}\,e^{\varphi i}}{1 - \frac{\varrho}{r}\,e^{\varphi i}}$$

$$= \Re \frac{\left(r + \varrho\,e^{\varphi i}\right)\left(r - \varrho\,e^{-\varphi i}\right)}{\left(r - \varrho\,e^{\varphi i}\right)\left(r - \varrho\,e^{-\varphi i}\right)} = \frac{r^2 - \varrho^2}{r^2 - 2\,r\varrho \cos \varphi + \varrho^2}.$$

Wegen der gleichmäßigen Konvergenz der durch gliedweise Differentiation nach φ entstehenden Reihe ist

$$-2 \sum_{m=1}^{\infty} m \left(\frac{\varrho}{r}\right)^m \sin m\varphi = (r^2 - \varrho^2) \frac{-2 r \varrho \sin \varphi}{(r^2 - 2 r \varrho \cos \varphi + \varrho^2)^2}.$$

Durch Multiplikation mit $e^{n\varphi i}$ und gliedweise Integration ergibt sich

$$-2\pi i n \left(\frac{\varrho}{r}\right)^n = -2 r \varrho (r^2 - \varrho^2) \int_{-\pi}^{\pi} e^{n\varphi i} \frac{\sin \varphi}{(r^2 - 2 r \varrho \cos \varphi + \varrho^2)^2} \, d\varphi.$$

Hilfssatz 2.

Für $0 < \varrho < 1$ *ist*

$$\int_{-\pi}^{\pi} \frac{\varphi \sin \varphi}{(1 - 2\varrho \cos \varphi + \varrho^2)^2} \, d\varphi = \frac{2\pi}{(1+\varrho)^2 (1-\varrho)} \left(< \frac{2\pi}{1-\varrho} \right).$$

Beweis: $\varrho (1 - \varrho^2) \int_{-\pi}^{\pi} \dfrac{\varphi \sin \varphi}{(1 - 2\varrho \cos \varphi + \varrho^2)^2} \, d\varphi$

$$= \int_{-\pi}^{\pi} \sum_{m=1}^{\infty} m \varrho^m \varphi \sin m\varphi \, d\varphi = \sum_{m=1}^{\infty} m \varrho^m \int_{-\pi}^{\pi} \varphi \sin m\varphi \, d\varphi$$

$$= -2\pi \sum_{m=1}^{\infty} (-\varrho)^m = \frac{2\pi\varrho}{1+\varrho}.$$

Satz.

Voraussetzung: *Es sei* $f(x)$ *für* $|x| < 1$ *regulär.*

Es existiere $\displaystyle\int_0^1 \operatorname*{Max.}_{|x| \leq R} |f(x)| \, dR$ (was z. B. stets der Fall ist, wenn $f(x)$ für $|x| < 1$ beschränkt oder auch nur, gleichmäßig in x, $O((1-|x|)^{-p})$ mit $0 \leq p < 1$ bei $|x| \to 1$ ist) *oder auch nur* $\displaystyle\int_0^1 f\left(R e^{\varphi i}\right) dR$ *gleichmäßig in* φ.

Es sei $-\pi \leq \alpha < \beta \leq \pi$ *und* $f(x)$ *im Sektor* (für $\alpha = -\pi$, $\beta = \pi$ ist dies das volle Kreisinnere) $x = r e^{\varphi i}$, $0 \leq r < 1$, $\alpha \leq \varphi \leq \beta$ *beschränkt.*

Behauptung: $\displaystyle\lim_{\varrho = 1} f\left(\varrho e^{\varphi i}\right)$ *existiert für alle* φ *auf* $\alpha \leq \varphi \leq \beta$ *bis auf höchstens eine Nullmenge.*

Beweis: Wird für $|x| < 1$

$$f(x) = \sum_{n=0}^{\infty} a_n x^n,$$

$$g(x) = \sum_{n=0}^{\infty} \frac{a_n}{n+1} x^{n+1}$$

gesetzt, so ist für $0 < \varrho < r < 1$ nach der Vorbemerkung zu Hilfssatz 1

$$f(\varrho) = -\frac{i\,r\,(r^2 - \varrho^2)}{\pi} \int_{-\pi}^{\pi} g\left(r\,e^{\varphi i}\right) \frac{\sin\varphi}{(r^2 - 2\,r\,\varrho\cos\varphi + \varrho^2)^2}\, d\varphi.$$

Wegen

$$g\left(r\,e^{\varphi i}\right) = e^{\varphi i} \int_{0}^{r} f\left(R\,e^{\varphi i}\right) d R$$

existiert nach Voraussetzung für $-\pi \leqq \varphi \leqq \pi$

$$\lim_{r\,=\,1} g\left(r\,e^{\varphi i}\right) = G(\varphi)$$

gleichmäßig in φ, ist also stetig, und für $0 < \varrho < 1$ ist daher

$$f(\varrho) = -\frac{i\,(1 - \varrho^2)}{\pi} \int_{-\pi}^{\pi} G(\varphi) \frac{\sin\varphi}{(1 - 2\,\varrho\cos\varphi + \varrho^2)^2}\, d\varphi. \,^{1)}$$

Für $0 \leqq r < 1$, $\alpha \leqq \varphi \leqq \beta$ ist nach Voraussetzung

$$\left|f\left(r\,e^{\varphi i}\right)\right| \leqq P.$$

$G(\varphi)$ hat daher für $\alpha \leqq \varphi \leqq \beta$ beschränkten Differenzenquotienten; denn für $\alpha \leqq \varphi_1 < \varphi_2 \leqq \beta$, $0 \leqq r < 1$ ist

$$\left|g\left(r\,e^{\varphi_2 i}\right) - g\left(r\,e^{\varphi_1 i}\right)\right| = r\left|\int_{\varphi_1}^{\varphi_2} f\left(r\,e^{\varphi i}\right) e^{\varphi i}\, d\varphi\right| \leqq P(\varphi_2 - \varphi_1),$$

also für $\alpha \leqq \varphi_1 < \varphi_2 \leqq \beta$

$$|G(\varphi_2) - G(\varphi_1)| = \lim_{r\,=\,1} \left|g\left(r\,e^{\varphi_2 i}\right) - g\left(r\,e^{\varphi_1 i}\right)\right| \leqq P(\varphi_2 - \varphi_1).$$

Nach dem (auf $\Re\,G(\varphi)$ und $\Im\,G(\varphi)$ anzuwendenden) Lebesgueschen Satz existiert also $G'(\varphi)$ für $\alpha \leqq \varphi \leqq \beta$ bis auf eine Nullmenge, und es genügt, für jedes φ_0, für das $G'(\varphi_0)$ existiert, die Existenz von $\lim\limits_{\varrho\,=\,1} f\left(\varrho\,e^{\varphi_0 i}\right)$ zu zeigen. Ohne Beschränkung der Allgemeinheit sei $\varphi_0 = 0$ $\left(\text{sonst betrachte man } f(e^{\varphi_0 i} y)\right)$.

Dann ist für $-\pi \leqq \varphi \leqq \pi$

$$G(\varphi) - G(0) - G'(0)\varphi = \varphi\,h(\varphi),$$

wo $h(0) = 0$ und $h(\varphi)$ stetig ist.

---

1) Im Spezialfall, daß $f(x)$ für $|x| < 1$ beschränkt ist, ist $\sum\limits_{n\,=\,0}^{\infty} |a_n|^2$, also $\sum\limits_{n\,=\,0}^{\infty} \frac{|a_n|}{n+1}$ konvergent und somit die obige Gleichung nach der Vorbemerkung zu Hilfssatz 1 mit $r = 1$ sofort klar.

Nach Hilfssatz 2 und der obigen Darstellung von $f(\varrho)$ ist für $0 < \varrho < 1$

$$f(\varrho) + \frac{2i\,G'(0)}{1+\varrho}$$

$$= -\frac{i(1-\varrho^2)}{\pi} \int_{-\pi}^{\pi} G(\varphi)\, \frac{\sin\varphi}{(1-2\varrho\cos\varphi+\varrho^2)^2}\, d\varphi$$

$$+ \frac{i(1-\varrho^2)}{\pi} \int_{-\pi}^{\pi} G(0)\, \frac{\sin\varphi}{(1-2\varrho\cos\varphi+\varrho^2)^2}\, d\varphi$$

$$+ \frac{i(1-\varrho^2)}{\pi} \int_{-\pi}^{\pi} G'(0)\,\varphi\, \frac{\sin\varphi}{(1-2\varrho\cos\varphi+\varrho^2)^2}\, d\varphi$$

$$= -\frac{i(1+\varrho)}{\pi}(1-\varrho) \int_{-\pi}^{\pi} h(\varphi)\, \frac{\varphi\sin\varphi}{(1-2\varrho\cos\varphi+\varrho^2)^2}\, d\varphi,$$

und es genügt, bei $\varrho \to 1$

$$(1-\varrho) \int_{-\pi}^{\pi} h(\varphi)\, \frac{\varphi\sin\varphi}{(1-2\varrho\cos\varphi+\varrho^2)^2}\, d\varphi \to 0$$

zu zeigen. Bei jedem ε mit $0 < \varepsilon < \pi$ ist für $-\pi \leqq \varphi \leqq -\varepsilon$ und für $\varepsilon \leqq \varphi \leqq \pi$

$$1 - 2\varrho\cos\varphi + \varrho^2 \geqq 1 - 2\varrho\cos\varepsilon + \varrho^2 = (\varrho - \cos\varepsilon)^2 + \sin^2\varepsilon \geqq \sin^2\varepsilon,$$

also der Integrand für $0 < \varrho < 1$ als Funktion von $\varrho,\ \varphi$ beschränkt. Daher ist

$$\varlimsup_{\varrho=1}(1-\varrho) \left| \int_{-\pi}^{\pi} h(\varphi)\, \frac{\varphi\sin\varphi}{(1-2\varrho\cos\varphi+\varrho^2)^2}\, d\varphi \right|$$

$$= \varlimsup_{\varrho=1}(1-\varrho) \left| \int_{-\varepsilon}^{\varepsilon} h(\varphi)\, \frac{\varphi\sin\varphi}{(1-2\varrho\cos\varphi+\varrho^2)^2}\, d\varphi \right|$$

$$\leqq \underset{|\varphi|\leqq\varepsilon}{\text{Max.}}\,|h(\varphi)|\, \varlimsup_{\varrho=1}(1-\varrho) \int_{-\varepsilon}^{\varepsilon} \frac{\varphi\sin\varphi}{(1-2\varrho\cos\varphi+\varrho^2)^2}\, d\varphi$$

$$\leqq \underset{|\varphi|\leqq\varepsilon}{\text{Max.}}\,|h(\varphi)|\, \varlimsup_{\varrho=1}(1-\varrho) \int_{-\pi}^{\pi} \frac{\varphi\sin\varphi}{(1-2\varrho\cos\varphi+\varrho^2)^2}\, d\varphi$$

$$\leqq 2\pi\, \underset{|\varphi|\leqq\varepsilon}{\text{Max.}}\,|h(\varphi)|$$

nach Hilfssatz 2, und $\varepsilon \to 0$ gibt die Behauptung.

———

Zweites Kapitel.

Summabilität höherer Ordnung.

§ 6.
Der Knopp-Schneesche Satz.

Hilfssatz 1.

Voraussetzung: *Es sei* $x_1, x_2, \ldots, x_n, \ldots$ *eine Folge komplexer Größen,* $q > 0$ *ganz und bei* $n \to \infty$

$$x_n + q \, \frac{x_1 + \cdots + x_n}{n} \to 0.$$

Behauptung: $\qquad\qquad x_n \to 0.$

Beweis: Wenn zur Abkürzung

$$y_n = q(x_1 + \cdots + x_n) + n x_n = q(x_1 + \cdots + x_{n-1}) + (n+q) x_n$$

gesetzt wird, ist identisch [1])

$$\sum_{v=1}^{n} y_v (v+1) \ldots (v+q-1) = (n+1)(n+2) \ldots (n+q) \sum_{v=1}^{n} x_v.$$

Denn diese Identität ist für $n = 1$ wahr:

$$y_1 . 2 \ldots q = 2 . 3 \ldots (q+1) x_1,$$

und aus der Richtigkeit für $n-1$ folgt sie für n, da der Zuwachs der linken Seite bei diesem Übergang

$$= y_n(n+1) \ldots (n+q-1) = q(n+1) \ldots (n+q-1) \sum_{v=1}^{n-1} x_v + (n+1) \ldots (n+q) x_n,$$

der rechts

$$= (n+1) \ldots (n+q) \sum_{v=1}^{n} x_v - n \ldots (n+q-1) \sum_{v=1}^{n-1} x_v$$

$$= (n+1) \ldots (n+q-1)((n+q)-n) \sum_{v=1}^{n-1} x_v + (n+1) \ldots (n+q) x_n$$

ist.

---

1) Für $q = 1$ bedeutet $(v+1) \ldots (v+q-1)$ als leeres Produkt die Zahl 1.

Wegen der Voraussetzung $y_n = o(n)$ ist
$$y_\nu(\nu+1)\ldots(\nu+q-1) = o(\nu^q),$$
also
$$\sum_{\nu=1}^{n} y_\nu(\nu+1)\ldots(\nu+q-1) = o\sum_{\nu=1}^{n}\nu^q = o(n^{q+1}),$$
also nach der obigen Identität
$$\sum_{\nu=1}^{n} x_\nu = \frac{1}{(n+1)\ldots(n+q)}\,o(n^{q+1}) = o(n),$$
$$n x_n = y_n - q\sum_{\nu=1}^{n} x_\nu = o(n)+o(n) = o(n),$$
$$x_n = o(1).$$

Hilfssatz 2.

Voraussetzung: $k > 1$ *sei ganz und*
$$\frac{1}{k}\,x_n + \frac{k-1}{k}\,\frac{x_1+\cdots+x_n}{n} \to \gamma.$$

Behauptung: $\qquad\qquad x_n \to \gamma.$

Vorbemerkung: Für $k = 1$ ist dies auch wahr, aber trivial.

Beweis: $x_n - \gamma = z_n$ genügt nach Voraussetzung der Bedingung
$$\frac{1}{k}\,(z_n+\gamma) + \frac{k-1}{k}\left(\frac{z_1+\cdots+z_n}{n}+\gamma\right) \to \gamma,$$
$$\frac{1}{k}\,z_n + \frac{k-1}{k}\,\frac{z_1+\cdots+z_n}{n} \to 0,$$
$$z_n + (k-1)\,\frac{z_1+\cdots+z_n}{n} \to 0.$$

Nach Hilfssatz 1 ist daher
$$z_n \to 0,$$
$$x_n \to \gamma.$$

Definition.

Es sei $a_0, a_1, \ldots, a_n, \ldots$ *eine Folge komplexer Zahlen, und es werde gesetzt:*
$$S_n^{(0)} = a_0 + \cdots + a_n,$$
$$S_n' = S_0^{(0)} + \cdots + S_n^{(0)},$$
$$S_n'' = S_0' + \cdots + S_n',$$
$$\cdots\cdots\cdots\cdots\cdots$$
$$S_n^{(k)} = S_0^{(k-1)} + \cdots + S_n^{(k-1)},$$
$$\cdots\cdots\cdots\cdots\cdots$$

Man sagt: die Reihe

$$a_0 + a_1 + \cdots + a_n + \cdots$$

sei summabel $k$ter Ordnung im Cesàroschen[1]) Sinne, oder: der $k$te Cesàrosche Limes der Folge $s_n = a_0 + \cdots + a_n = S_n^{(0)}$ sei vorhanden und $= s$, wenn bei $n \to \infty$

$$\frac{k!\,S_n^{(k)}}{n^k} \to s$$

ist.

Damit ist natürlich, wenn

$$c_n^{(k)} = \frac{k!\,n!}{(n+k)!}\,S_n^{(k)}$$

gesetzt wird,

$$c_n^{(k)} \to s$$

gleichbedeutend.

Ist dies bei einem $k \geqq 0$ der Fall, so ist, wie leicht zu sehen, der $(k+1)$te Cesàrosche Limes (also auch alle folgenden) vorhanden und $= s$; denn aus

$$S_n^{(k)} = s\,\frac{n^k}{k!} + o(n^k)$$

folgt

$$S_n^{(k+1)} = \sum_{v=0}^{n} S_v^{(k)} = \frac{s}{k!} \sum_{v=0}^{n} v^k + o \sum_{v=0}^{n} v^k$$
$$= \frac{s}{k!}\left(\frac{n^{k+1}}{k+1} + o(n^{k+1})\right) + o(n^{k+1}) = s \cdot \frac{n^{k+1}}{(k+1)!} + o(n^{k+1}).$$

Ist ferner bei einem $k \geqq 0$ der $k$te Cesàrosche Limes vorhanden, so folgt daraus sukzessive

$$S_n^{(k)} = O(n^k),$$
$$S_n^{(k-1)} = S_n^{(k)} - S_{n-1}^{(k)} = O(n^k) + O(n^k) = O(n^k),$$
$$\cdot \; \cdot \; \cdot \; \cdot \; \cdot \; \cdot \; \cdot \; \cdot \; \cdot \; \cdot \; \cdot \; \cdot \; \cdot \; \cdot \; \cdot \; \cdot$$

bis zu

$$S_n^{(0)} = O(n^k),$$
$$a_n = O(n^k),$$

so daß

$$f(x) = \sum_{n=0}^{\infty} a_n x^n$$

---

1) Cesàro, S. 119.

für $|x| < 1$ konvergiert und ebenda

$$f(x) = (1-x) \sum_{n=0}^{\infty} S_n^{(0)} x^n = (1-x)^2 \sum_{n=0}^{\infty} S_n' x^n = \cdots$$

$$= (1-x)^{k+1} \sum_{n=0}^{\infty} S_n^{(k)} x^n$$

ist.

Aus dieser Identität

$$(1-x)^{-k-1} f(x) = \sum_{n=0}^{\infty} S_n^{(k)} x^n$$

ist alsdann leicht bei gegen 1 wachsendem x

$$f(x) \to s$$

zu folgern. Denn nach Voraussetzung ist

$$S_n^{(k)} = s \binom{n}{k} + o \binom{n}{k};$$

nach Annahme eines $\delta > 0$ ist also für $n \geqq n_0(\delta)$

$$\left| S_n^{(k)} - s \binom{n}{k} \right| < \delta \binom{n}{k},$$

folglich, wenn $0 < x < 1$ ist,

$$\left| \sum_{n=0}^{\infty} S_n^{(k)} x^n - s \sum_{n=0}^{\infty} \binom{n}{k} x^n \right| \leqq \sum_{n=0}^{\infty} \left| S_n^{(k)} - s \binom{n}{k} \right| x^n$$

$$\leqq \sum_{n=0}^{n_0-1} \left| S_n^{(k)} - s \binom{n}{k} \right| x^n + \delta \sum_{n=n_0}^{\infty} \binom{n}{k} x^n$$

$$\leqq \sum_{n=0}^{n_0-1} \left| S_n^{(k)} - s \binom{n}{k} \right| + \delta \sum_{n=0}^{\infty} \binom{n}{k} x^n,$$

$$\varlimsup_{x=1} \frac{\left| \sum_{n=0}^{\infty} S_n^{(k)} x^n - s \sum_{n=0}^{\infty} \binom{n}{k} x^n \right|}{\sum_{n=0}^{\infty} \binom{n}{k} x^n} \leqq \delta;$$

da die linke Seite von δ frei ist, ist bei $x \to 1$

$$\frac{\sum_{n=0}^{\infty} S_n^{(k)} x^n - s \sum_{n=0}^{\infty} \binom{n}{k} x^n}{\sum_{n=0}^{\infty} \binom{n}{k} x^n} \to 0;$$

wegen

$$\sum_{n=0}^{\infty}\binom{n}{k}x^n = \frac{x^k}{k!}\sum_{n=k}^{\infty}n(n-1)\ldots(n-k+1)x^{n-k} = \frac{x^k}{k!}\frac{d^k}{dx^k}\sum_{n=0}^{\infty}x^n$$

$$= \frac{x^k}{k!}\frac{d^k}{dx^k}\left(\frac{1}{1-x}\right) = \frac{x^k}{(1-x)^{k+1}}$$

ist daher

$$\frac{(1-x)^{-k-1}f(x) - s\,x^k(1-x)^{-k-1}}{x^k(1-x)^{-k-1}} \to 0,$$

$$x^{-k}f(x) - s \to 0,$$

$$f(x) \to s.$$

Definition.

Es sei $a_0, a_1, \ldots, a_n, \ldots$ eine Folge komplexer Zahlen, und es werde gesetzt:

$$h_n^{(0)} = a_0 + \cdots + a_n,$$

$$h_n' = \frac{h_0^{(0)} + \cdots + h_n^{(0)}}{n+1},$$

$$h_n'' = \frac{h_0' + \cdots + h_n'}{n+1},$$

$$\cdots \cdots \cdots \cdots \cdots$$

$$h_n^{(k)} = \frac{h_0^{(k-1)} + \cdots + h_n^{(k-1)}}{n+1},$$

$$\cdots \cdots \cdots \cdots \cdots$$

Man sagt: die Reihe

$$a_0 + a_1 + \cdots + a_n + \cdots$$

sei summabel $k$ter Ordnung im Hölderschen[1] *Sinne, oder: der $k$te Höldersche Limes der Folge $s_n = a_0 + \cdots + a_n = h_n^{(0)}$ sei vorhanden und $= s$, wenn bei $n \to \infty$*

$$h_n^{(k)} \to s$$

ist.

Ist dies bei einem k der Fall, so folgt für die arithmetischen Mittel ohne weiteres

$$h_n^{(k+1)} \to s,$$

$$h_n^{(k+2)} \to s,$$

$$\cdots \cdots \cdots$$

____

1) **Hölder**, S. 536.

Ferner folgt aus $h_n^{(k)} \to s$ sukzessive

$$
\begin{aligned}
h_n^{(k)} \;\; &= O(1), \\
h_n^{(k-1)} &= (n+1)\,h_n^{(k)} \;\; - n\,h_{n-1}^{(k)} = O(n) \; + O(n) = O(n), \\
h_n^{(k-2)} &= (n+1)\,h_n^{(k-1)} - n\,h_{n-1}^{(k-1)} = O(n^2) + O(n^2) = O(n^2),
\end{aligned}
$$

$$\cdot \;\; \cdot \;\; \cdot \;\; \cdot \;\; \cdot \;\; \cdot \;\; \cdot \;\; \cdot \;\; \cdot \;\; \cdot \;\; \cdot \;\; \cdot \;\; \cdot \;\; \cdot \;\; \cdot$$

bis zu

$$
\begin{aligned}
h_n^{(0)} &= O(n^k), \\
a_n \;\; &= h_n^{(0)} - h_{n-1}^{(0)} = O(n^k),
\end{aligned}
$$

also die Konvergenz von

$$f(x) = \sum_{n=0}^{\infty} a_n x^n$$

für $|x| < 1$.

H ö l d e r [1]) hatte aus

$$h_n^{(k)} \to s$$

auf

$$f(x) \to s$$

geschlossen; die Reproduktion dieses Beweises erübrigt sich hier schon aus dem Grunde, weil dieser Satz enthalten ist in dem

Knopp-Schneeschen Satz:

Wenn für ein bestimmtes k

$$c_n^{(k)} \to s$$

ist, so ist

$$h_n^{(k)} \to s$$

und umgekehrt.

Beweis: Wenn eine Zahlenfolge

$$x_0, \; x_1, \; x_2, \; \ldots, \; x_n, \; \ldots$$

gegeben ist, so bezeichne $M(x_n)$ die Folge der arithmetischen Mittel

$$x_0, \; \frac{x_0 + x_1}{2}, \; \frac{x_0 + x_1 + x_2}{3}, \; \ldots, \; \frac{x_0 + x_1 + \cdots + x_n}{n+1}, \; \ldots .$$

Falls a und b Konstanten bezeichnen, hat demnach $a\,M(x_n) + b\,x_n$ die Bedeutung der Folge

$$a\,x_0 + b\,x_0, \; a\,\frac{x_0 + x_1}{2} + b\,x_1, \; \ldots, \; a\,\frac{x_0 + \cdots + x_n}{n+1} + b\,x_n, \; \ldots .$$

---

1) H ö l d e r, S. 536.

Diese Operation $y_n = a\,M(x_n) + b\,x_n$, welche der Folge (x) die Folge (y) durch die linearen Gleichungen

$$y_n = \frac{a}{n+1}\,x_0 + \cdots + \frac{a}{n+1}\,x_{n-1} + \left(\frac{a}{n+1} + b\right)x_n$$

zuordnet, gehört zu dem allgemeineren Typus

$$
\begin{aligned}
y_0 &= c_{00}\,x_0,\\
y_1 &= c_{10}\,x_0 + c_{11}\,x_1,\\
&\cdot\quad\cdot\quad\cdot\quad\cdot\quad\cdot\quad\cdot\quad\cdot\\
y_n &= c_{n0}\,x_0 + c_{n1}\,x_1 + \cdots + c_{nn}\,x_n,\\
&\cdot\quad\cdot\quad\cdot\quad\cdot\quad\cdot\quad\cdot\quad\cdot\quad\cdot
\end{aligned}
$$

Die Zusammensetzung zweier solcher Operationen gibt wieder eine solche; denn wenn bei drei Variabelnreihen (x), (y), (z) erst (y) nach einem solchen Schema aus (x) und dann (z) aus (y) entsteht, so ist z_n eine homogene lineare Funktion von $x_0, \ldots, x_n$. Ferner gilt für solche Operationen offenbar das assoziative Gesetz. Soweit ohne Einschränkung über die $c_{\varkappa\lambda}$. Für zwei unserer Operationen

$$a\,M(x_n) + b\,x_n,\quad a'\,M(x_n) + b'\,x_n$$

gilt aber auch das kommutative Gesetz, da

$$
\begin{aligned}
a'\,M(a\,M(x_n) &+ b\,x_n) + b'\,(a\,M(x_n) + b\,x_n)\\
&= a'a\,MM(x_n) + (a'b + b'a)\,M(x_n) + b'b\,x_n,\\
a\,M(a'\,M(x_n) &+ b'\,x_n) + b\,(a'\,M(x_n) + b'\,x_n)\\
&= aa'\,MM(x_n) + (ab' + ba')\,M(x_n) + bb'\,x_n,
\end{aligned}
$$

also gleich dem vorigen ist.

Speziell werde bei ganzem $k > 0$

$$T_k(x_n) = \frac{k-1}{k}\,M(x_n) + \frac{1}{k}\,x_n$$

gesetzt; dann ist M mit jedem T_k vertauschbar, desgleichen je zwei T_k, $T_{k'}$.

Aus $x_n \to s$ folgt offenbar

$$T_k(x_n) \to \frac{k-1}{k}\,s + \frac{1}{k}\,s = s;$$

und aus $T_k(x_n) \to s$ folgt nach Hilfssatz 2 umgekehrt $x_n \to s$.

Das folgende beruht auf der zunächst zu verifizierenden Identität (in der $a_0, a_1, \ldots$ beliebig sind)

$$M(c_n^{(k-1)}) = T_k(c_n^{(k)}) \qquad\qquad (k \geqq 1),$$

ausgeschrieben:

$$\frac{c_0^{(k-1)} + \cdots + c_n^{(k-1)}}{n+1} = \frac{k-1}{k} \frac{c_0^{(k)} + \cdots + c_n^{(k)}}{n+1} + \frac{1}{k} c_n^{(k)}.$$

Diese Identität sieht man so ein. Es ist (wobei $S_{-1}^{(k)}$ und $c_{-1}^{(k)}$ Null bedeuten)

$$S_n^{(k)} = S_{n-1}^{(k)} + S_n^{(k-1)},$$

$$\frac{(n+k)!}{n!\,k!} c_n^{(k)} = \frac{n(n+k-1)!}{n!\,k!} c_{n-1}^{(k)} + \frac{(n+k-1)!}{n!\,(k-1)!} c_n^{(k-1)},$$

$$k\,c_n^{(k-1)} = (n+k)\,c_n^{(k)} - n\,c_{n-1}^{(k)} = (k-1)\,c_n^{(k)} + \left((n+1)\,c_n^{(k)} - n\,c_{n-1}^{(k)}\right),$$

$$k\sum_{n=0}^{m} c_n^{(k-1)} = (k-1) \sum_{n=0}^{m} c_n^{(k)} + (m+1)\,c_m^{(k)},$$

d. i. obige Identität. Sie möge kurz

$$M(c^{(k-1)}) = T_k(c^{(k)})$$

geschrieben werden.

Nun ist

$$h_n^{(0)} = S_n^{(0)} = c_n^{(0)},$$

$$h_n' = \frac{S_n'}{n+1} = c_n',$$

kurz

$$h' = c',$$

also

$$h'' = M(h') = M(c') = T_2(c''),$$

$$h''' = M(h'') = M T_2(c'') = T_2 M(c'') = T_2 T_3(c'''),$$

$$\cdots \cdots \cdots \cdots \cdots \cdots \cdots \cdots \cdots \cdots \cdots \cdots$$

$$h^{(k)} = M(h^{(k-1)}) = M T_2 T_3 \ldots T_{k-1}(c^{(k-1)}) = T_2 T_3 \ldots T_{k-1} M(c^{(k-1)})$$
$$= T_2 T_3 \ldots T_{k-1} T_k(c^{(k)}).$$

Wenn also [1]) für ein $k \geqq 2$ bei $n \to \infty$

$$c_n^{(k)} \to s$$

vorausgesetzt wird, so ergibt sich sukzessive

$$T_k(c^{(k)}) \to s,$$

$$T_{k-1} T_k(c^{(k)}) \to s,$$

$$\cdots \cdots \cdots \cdots \cdots$$

$$h^{(k)} = T_2 T_3 \ldots T_k(c^{(k)}) \to s$$

(Satz von Schnee).

---

[1]) Für $k = 0$ und $k = 1$ sind die Behauptungen trivial.

Wenn umgekehrt bei $n \to \infty$

$$h_n^{(k)} \to s$$

vorausgesetzt wird, so ergibt sich sukzessive nach der oben erwähnten Folgerung aus Hilfssatz 2 (für die T-Operation)

$$T_3\, T_4 \ldots T_k\,(c^{(k)}) \to s,$$
$$T_4 \ldots T_k\,(c^{(k)}) \to s,$$
$$\cdots \cdots \cdots$$
$$T_k\,(c^{(k)}) \to s,$$
$$c^{(k)} \to s$$

(Satz von Knopp).

§ 7.

Beispiel einer nicht summabeln Reihe mit vorhandenem lim $f(x)$.

Ich betrachte die für $|x| < 1$ konvergente Potenzreihe

$$f(x) = e^{\frac{1}{1+x}} = \sum_{n=0}^{\infty} a_n x^n.$$

Bei Annäherung von links existiert $\lim_{x=1} f(x) = e^{\frac{1}{2}}$. Wäre

$$a_0 + a_1 + a_2 + \cdots$$

von k ter Ordnung summabel, so wäre

$$a_n = O(n^k),$$

also für $n \geqq 0$ mit von n freiem P

$$|a_n| < P \binom{n+k}{k},$$

also für $0 \leqq r < 1$

$$e^{\frac{1}{1-r}} = f(-r) \leqq \sum_{n=0}^{\infty} |a_n|\, r^n < P \sum_{n=0}^{\infty} \binom{n+k}{k} r^n = P(1-r)^{-(k+1)},$$

was für nahe an 1 gelegene r nicht richtig ist.

4*

Drittes Kapitel.

Umkehrungen des Abelschen Stetigkeits-
satzes.

§ 8.
Der Taubersche Satz.

Voraussetzung: *Es sei*

$$a_n = o\left(\frac{1}{n}\right),$$

also

$$f(x) = \sum_{n=0}^{\infty} a_n x^n$$

für $|x| < 1$ *konvergent. Ferner sei für* $x \to 1$ *bei Annäherung von links*

$$f(x) \to 0.$$

Behauptung: $\displaystyle\sum_{n=0}^{\infty} a_n = 0.$

Beweis: Wenn

$$s_m = \sum_{n=0}^{m} a_n$$

gesetzt wird, ist für $m > 0$, $0 \leq x < 1$

$$s_m - f(x) = \sum_{n=1}^{m} a_n(1 - x^n) - \sum_{n=m+1}^{\infty} a_n x^n,$$

also, wegen $1 - x^n = (1 - x)(1 + x + \cdots + x^{n-1}) \leq (1 - x)\, n$,

$$|s_m - f(x)| \leq (1 - x) \sum_{n=1}^{m} n\,|a_n| + \sum_{n=m+1}^{\infty} |a_n|\, x^n.$$

Falls ε_m die obere Grenze von $n\,|a_n|$ für $n > m$ bezeichnet, ist nach Voraussetzung $\varepsilon_m \to 0$. Die letzte Summe wird so abgeschätzt:

$$\sum_{n=m+1}^{\infty} |a_n|\,x^n = \sum_{n=m+1}^{\infty} n\,|a_n|\,\frac{1}{n}\,x^n \leq \sum_{n=m+1}^{\infty} \varepsilon_m \frac{1}{m}\,x^n$$

$$\leq \frac{\varepsilon_m}{m} \sum_{n=0}^{\infty} x^n = \frac{\varepsilon_m}{m\,(1-x)}.$$

Andererseits folgt aus $n\,|a_n| \to 0$ für das arithmetische Mittel

$$\frac{1}{m} \sum_{n=1}^{m} n\,|a_n| \to 0 \quad\text{bei}\quad m \to \infty.$$

Wird also $x = 1 - \dfrac{1}{m}$ gesetzt, so folgt bei $m \to \infty$

$$\left| s_m - f\left(1 - \frac{1}{m}\right) \right| \leq \frac{1}{m} \sum_{n=1}^{m} n\,|a_n| + \varepsilon_m \to 0,$$

woraus wegen

$$f\left(1 - \frac{1}{m}\right) \to 0$$

die Behauptung

$$s_m \to 0$$

folgt.

Zusatz: Scheinbar ist die Annahme $f(x) \to 0$ nicht voll ausgenutzt worden; aber in Wahrheit folgt sie aus $f\left(1 - \dfrac{1}{m}\right) \to 0$ nebst $n a_n \to 0$; denn wegen

$$|n\,a_n| < c,$$

$$|f'(x)| = \left| \sum_{n=1}^{\infty} n\,a_n\,x^{n-1} \right| < c \sum_{n=1}^{\infty} x^{n-1} = \frac{c}{1-x} \qquad (0 < x < 1)$$

ist für $1 - \dfrac{1}{m} < x < 1 - \dfrac{1}{m+1}$

$$\left| f(x) - f\left(1 - \frac{1}{m}\right) \right| = \left| \int_{1-\frac{1}{m}}^{x} f'(y)\,dy \right| < \int_{1-\frac{1}{m}}^{1-\frac{1}{m+1}} \frac{c}{1 - \left(1 - \dfrac{1}{m+1}\right)}\,dy$$

$$= c\,(m+1)\left(\frac{1}{m} - \frac{1}{m+1}\right) = \frac{c}{m},$$

was von x frei ist und für $m \to \infty$ gegen 0 strebt.

§ 9.

Ausdehnung auf schräge und krummlinige Annäherung.

Verallgemeinerung von Landau[1]).

Voraussetzung: *Es sei*

$$a_n = o\left(\frac{1}{n}\right).$$

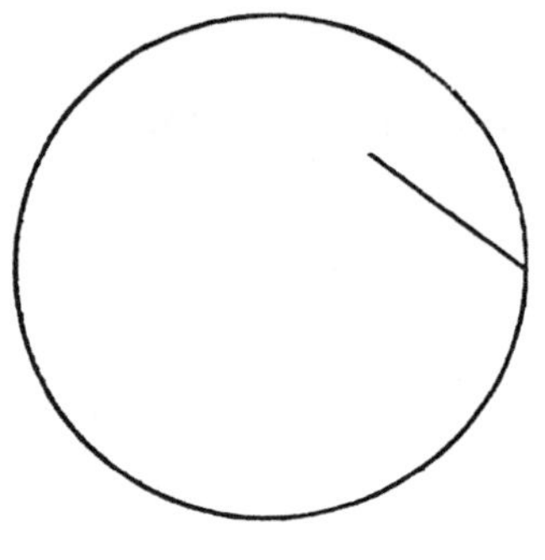

Ferner sei

$$f(x) \to 0$$

für $x \to 1$ *bei Annäherung aus dem Innern des Einheitskreises auf irgend einem Strahl oder auch bloß für irgend eine Punktfolge* $x_m\,(m = 1, 2, \ldots)$, *für die* $(r_m > 0, \varphi_m \gtreqless 0)$

$$|x_m| < 1, \quad x_m = 1 - r_m e^{\varphi_m i} \to 1$$

ist, die einem Winkelraum

$$\cos \varphi_m > \delta > 0$$

angehört und bei welcher

$$\left[\frac{1}{r_m}\right] = \left[\frac{1}{|1 - x_m|}\right]$$

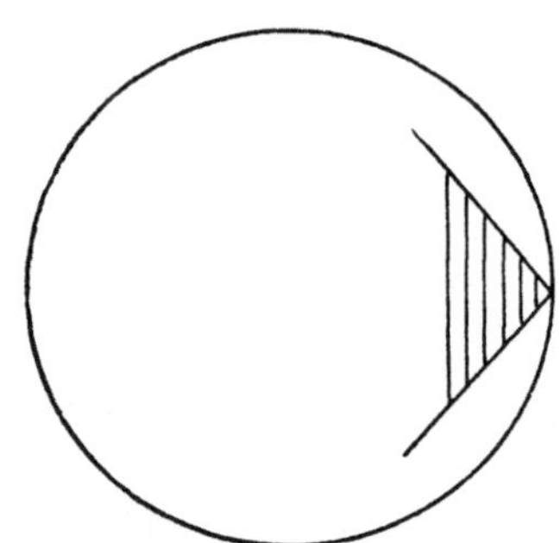

alle hinreichend großen ganzzahligen Werte annimmt.

Behauptung:
$$\sum_{n=0}^{\infty} a_n = 0.$$

Beweis: Für alle um weniger als δ von 1 entfernten Punkte des Kreises $|x| < 1$, die außerdem $(r > 0, \varphi \gtreqless 0)$ dem Winkelraum $x = 1 - r e^{\varphi i}$, $\cos \varphi > \delta > 0$ angehören, ist

$$\frac{|1 - x|}{1 - |x|} < c = c(\delta),$$

wie aus der für $r < \delta$ gültigen Abschätzung

$$|x| = 1 - 2r\cos\varphi + r^2 < 1 - 2r\delta + r\delta = 1 - r\delta < 1 - r\delta + \frac{r^2\delta^2}{4} = \left(1 - \frac{r\delta}{2}\right)^2,$$

---

1) **Landau 3**, S. 15.

$$|x| < 1 - \frac{r\delta}{2} = 1 - \frac{\delta}{2}\,|1-x|,$$

$$\frac{|1-x|}{1-|x|} < \frac{2}{\delta}$$

hervorgeht.

Ohne Beschränkung der Allgemeinheit kann ich daher annehmen, daß die gegebene Folge x_m für $m \geqq 1$ den Bedingungen genügt:

$$|x_m| < 1, \quad \frac{|1-x_m|}{1-|x_m|} < c, \quad \left[\frac{1}{|1-x_m|}\right] = m.$$

Dann ist (weil nämlich für $n \geqq 1$ im Einheitskreis $|1-x^n|$ $= |(1-x)(1+x+\cdots+x^{n-1})| \leqq |1-x|\,n$ ist)

$$|s_m - f(x_m)| = \left| \sum_{n=1}^{m} a_n(1-x_m^n) - \sum_{n=m+1}^{\infty} a_n x_m^n \right|$$

$$\leqq \sum_{n=1}^{m} |a_n|\,|1-x_m|\,n + \sum_{n=0}^{\infty} \frac{\varepsilon_m}{m}\,|x_m|^n$$

$$= |1-x_m| \sum_{n=1}^{m} n\,|a_n| + \frac{\varepsilon_m}{m(1-|x_m|)}$$

$$\leqq m\,|1-x_m|\, \frac{\sum\limits_{n=1}^{m} n\,|a_n|}{m} + \frac{c\,\varepsilon_m}{m\,|1-x_m|}.$$

Wegen $m\,|1-x_m| \to 1$ strebt die rechte Seite für $m \to \infty$ gegen 0; aus

$$f(x_m) \to 0$$

folgt schließlich

$$s_m \to 0.$$

Verallgemeinerung von Hardy-Littlewood [1].

Voraussetzung: *Es sei*

$$a_n = o\left(\frac{1}{n}\right).$$

Ferner sei

$$f(x) \to 0$$

für $x \to 1$ bei Annäherung längs irgend eines Kreisbogens, der den Einheitskreis von innen berührt; oder auch bloß längs irgend eines aus dem Einheitskreise kom-

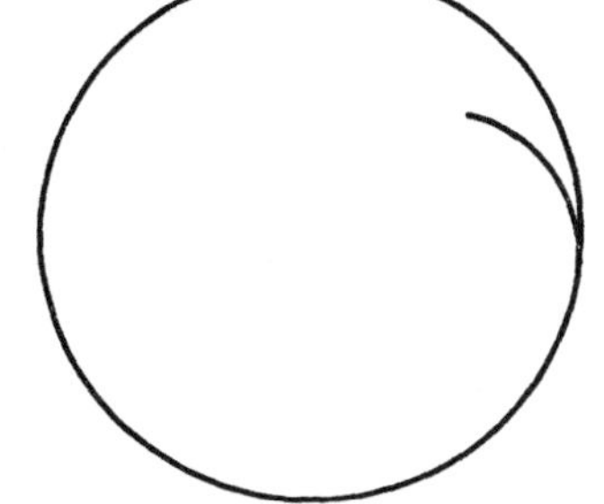

---

1) **Hardy** und **Littlewood** 1, S. 476.

menden, in 1 mündenden Kurvenbogens, bei dem die Ordinate eine eindeutige, stetige, monotone Funktion der Abszisse ist (wie steil er auch münde).

Behauptung: $\quad\displaystyle\sum_{n=0}^{\infty} a_n = 0.$

Beweis: x sei ein fester Punkt des Kurvenbogens, y ein variabler Punkt auf dem Bogen zwischen x und 1. Bei Integration längs des Bogens strebt

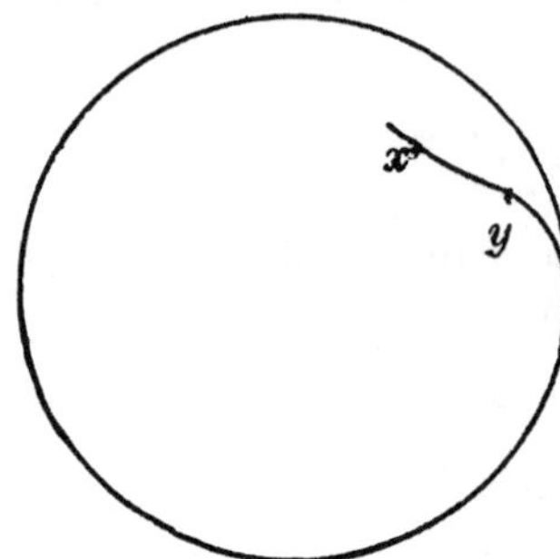

$$\int_x^y f(z)\,dz = \sum_{n=0}^{\infty} a_n \left(\frac{y^{n+1}}{n+1} - \frac{x^{n+1}}{n+1}\right),$$

falls y (auf dem Bogen) nach 1 rückt, gegen den Grenzwert

$$\int_x^1 f(z)\,dz = \sum_{n=0}^{\infty} a_n \frac{1-x^{n+1}}{n+1};$$

denn

$$\sum_{n=0}^{\infty} \frac{|a_n|}{n+1}$$

konvergiert, so daß

$$\sum_{n=0}^{\infty} \frac{a_n y^{n+1}}{n+1}$$

für $|y| \leqq 1$ gleichmäßig konvergiert.

Die Funktion $\displaystyle\int_x^1 f(z)\,dz$ ist, wenn x auf dem Bogen nach 1 läuft, $o\,|1-x|$; denn, wenn x (auf dem Bogen) hinreichend nahe an 1 liegt, ist unterwegs $|f(z)| < \delta$ und die Weglänge $\leqq |1-x|\,\sqrt{2}$. Also ist, immer bei Annäherung auf dem Kurvenbogen,

$$\sum_{n=0}^{\infty} a_n \frac{1-x^{n+1}}{n+1} = o\,|1-x|.$$

Wenn

$$m = \left[\frac{1}{|1-x|}\right]$$

gesetzt wird, was bei $x \to 1$ alle hinreichend großen ganzen Zahlen durchläuft, ist

$$\left|\sum_{n=m+1}^{\infty} a_n \frac{1-x^{n+1}}{n+1}\right| \leqq \sum_{n=m+1}^{\infty} \frac{2\,|a_n|}{n+1} \leqq \sum_{n=m+1}^{\infty} \frac{2\,\varepsilon_m}{n(n+1)}$$

$$= \frac{2\,\varepsilon_m}{m+1} = o\,|1-x|,$$

also

$$\sum_{n=0}^{m} a_n \frac{1-x^{n+1}}{n+1} = o\,|1-x|,$$

$$\sum_{n=0}^{m} a_n \frac{1+x+\cdots+x^n}{n+1} \to 0.$$

Nun ist für $|x| < 1$, $n \geqq 1$

$$\left| \frac{1+x+\cdots+x^n}{n+1} - 1 \right| = \frac{|(x-1)+(x^2-1)+\cdots+(x^n-1)|}{n+1}$$

$$= \frac{|x-1|\cdot|1+(x+1)+\cdots+(x^{n-1}+\cdots+x+1)|}{n+1}$$

$$\leqq \frac{|x-1|(1+2+\cdots+n)}{n+1} = \frac{|1-x|\,n}{2} < |1-x|\,n,$$

also für $x \to 1$ längs des Bogens

$$\left| \sum_{n=0}^{m} a_n \frac{1+x+\cdots+x^n}{n+1} - s_m \right| = \left| \sum_{n=1}^{m} a_n \left(\frac{1+x+\cdots+x^n}{n+1} - 1 \right) \right|$$

$$\leqq |1-x| \sum_{n=1}^{m} n\,|a_n| = o\left(|1-x| \frac{1}{|1-x|} \right) = o\,(1) \to 0,$$

folglich bei $m \to \infty$

$$s_m \to 0.$$

§ 10.

Die Hardy-Littlewoodsche Umkehrung des Abelschen Stetigkeitssatzes.

Ich kehre zu dem alten, prägnantesten Wortlaut des § 8 mit Annäherung längs der positiven Achse zurück. Littlewood[1] hatte die wichtige Entdeckung gemacht, daß die Voraussetzung $a_n = o\left(\dfrac{1}{n}\right)$ durch die schwächere $a_n = O\left(\dfrac{1}{n}\right)$ ersetzt werden kann. Offenbar würde es genügen, dies für reelle a_n zu beweisen. Die Wiedergabe des Beweises erübrigt sich, weil Hardy und Littlewood später gefunden haben, daß, die Konvergenz der Potenzreihe für $|x| < 1$ vorausgesetzt, statt dieser Beschränktheit von $n\,a_n$ einseitige Beschränktheit ausreicht; es lautet also der

---

1) Littlewood, S. 438.

Hardy-Littlewoodsche Satz:

Voraussetzung: *Es sei für* $n \geqq 1$

$$a_n < \frac{c}{n} \qquad\qquad (c > 0).$$

Es sei ferner

$$f(x) = \sum_{n=0}^{\infty} a_n x^n$$

für $|x| < 1$ *konvergent und bei reeller Annäherung* $x \to 1$

$$f(x) \to 0.$$

Behauptung:
$$\sum_{n=0}^{\infty} a_n = 0.$$

Dieser Satz liegt sehr tief. Dem Beweise schicke ich vier Hilfssätze voraus, in denen alle Zahlen reell sind.

Hilfssatz 1.

Voraussetzung: *Es sei* $\alpha \geqq 0$ *und bei* $t \to +0$

$$f(t) = o(t^{-\alpha}),$$
$$f''(t) < O(t^{-\alpha-2}).$$

Behauptung: $\quad f'(t) = o(t^{-\alpha-1}).$

Beweis: $\quad f''(t) < P t^{-\alpha-2}$ für $0 < t < P_1$.
Es sei $0 < \varepsilon < \frac{1}{4}$. Für $0 < t < \tau = \tau(\varepsilon) < P_1$ ist

$$|f(t)| < \varepsilon t^{-\alpha}.$$

Für $0 < t < \frac{2}{3}\tau$ ist

$$\frac{t}{2} < t \pm \sqrt{\varepsilon}\, t < \frac{3}{2}\, t < \tau,$$

also nach dem Taylorschen Satz, mit $0 < \vartheta < 1$,

$$-2\varepsilon\left(\frac{t}{2}\right)^{-\alpha} < f(t \pm \sqrt{\varepsilon}\, t) - f(t) = \pm \sqrt{\varepsilon}\, t f'(t) + \frac{\varepsilon t^2}{2} f''(t \pm \vartheta \sqrt{\varepsilon}\, t)$$

$$< \pm \sqrt{\varepsilon}\, t f'(t) + \frac{\varepsilon t^2}{2} P \left(\frac{t}{2}\right)^{-\alpha-2},$$

$$\mp f'(t) < P_2 \sqrt{\varepsilon}\, t^{-\alpha-1},$$

$$|f'(t)| < P_2 \sqrt{\varepsilon}\, t^{-\alpha-1}.$$

Hilfssatz 2.

Voraussetzung: *Bei* $t \to +0$ *sei*

$$\varphi(t) = o(t^{-1}),$$
$$\varphi^{(\nu)}(t) = O(t^{-\nu-1}) \text{ für jedes ganze } \nu \geqq 0.$$

Behauptung: $\varphi^{(\nu)}(t) = o(t^{-\nu-1})$ *für jedes ganze* $\nu \geqq 0$.

Beweis: Für $\nu = 0$ ist dies vorausgesetzt. Es sei für ein $\nu \geqq 0$ wahr; nach Voraussetzung ist

$$\varphi^{(\nu+2)}(t) = O(t^{-\nu-3}),$$

also nach Hilfssatz 1 (mit $f(t) = \varphi^{(\nu)}(t)$, $\alpha = \nu + 1$)

$$\varphi^{(\nu+1)}(t) = o(t^{-\nu-2}).$$

Hilfssatz 3.

Voraussetzung: *Es sei*

$$f(t) = \sum_{n=1}^{\infty} a_n e^{-nt}$$

für $t > 0$ *konvergent,*

$$f(t) = o(1) \ bei \ t \to +0,$$

$$a_n < \frac{1}{n} \ \text{für} \ n \geqq 1.$$

Es werde

$$s(u) = \sum_{n \leqq u} a_n \ \text{für} \ u \geqq 0$$

gesetzt (auch wenn u nicht ganz ist).

Behauptung: 1) $s(m)$ *ist für ganzes* $m > 0$ *beschränkt, also* $s(u)$ *für* $u \geqq 0$ *beschränkt, also mit von* $\varkappa$, λ *freiem* p

$$|s(\lambda) - s(\varkappa)| < p \ \text{für} \ \varkappa \geqq 0, \ \lambda \geqq 0.$$

2) *Für jedes ganze* $\nu \geqq 0$ *ist bei* $t \to +0$

$$\int_0^{\infty} s\left(\frac{y}{t}\right) y^\nu e^{-y} \, dy = o(1).$$

Beweis: 1) $f''(t) = \sum_{n=1}^{\infty} n^2 a_n e^{-nt} < \sum_{n=1}^{\infty} n e^{-nt} = O(t^{-2})$,

also nach Hilfssatz 1 (mit $\alpha = 0$)

$$f'(t) = -\sum_{n=1}^{\infty} n a_n e^{-nt} = O(t^{-1}).$$

Wird

$$w_m = \sum_{n=1}^{m} n a_n$$

gesetzt, so ist für $m > 0$

$$0 < \sum_{n=1}^{m} (1 - n a_n) = m - w_m \leqq e \sum_{n=1}^{m} (1 - n a_n) e^{-\frac{n}{m}}$$

$$< e \sum_{n=1}^{\infty} (1 - n a_n) e^{-\frac{n}{m}} = e \sum_{n=1}^{\infty} e^{-\frac{n}{m}} + e f'\left(\frac{1}{m}\right) = O(m),$$

$$w_m = O(m),$$

$$s(m) = \sum_{n=1}^{m} \frac{w_n - w_{n-1}}{n} = \sum_{n=1}^{m} w_n \left(\frac{1}{n} - \frac{1}{n+1} \right) + \frac{w_m}{m+1}$$

$$= \sum_{n=1}^{m} \frac{w_n}{n(n+1)} + O(1)$$

$$= \sum_{n=1}^{m} \frac{w_n}{n(n+1)} \left(1 - e^{-\frac{n}{m}} \right) - \sum_{n=m+1}^{\infty} \frac{w_n}{n(n+1)} e^{-\frac{n}{m}}$$

$$+ \sum_{n=1}^{\infty} \frac{w_n}{n(n+1)} e^{-\frac{n}{m}} + O(1)$$

$$= O \sum_{n=1}^{m} \frac{1}{n} \frac{n}{m} + O \sum_{n=m+1}^{\infty} \frac{1}{m} e^{-\frac{n}{m}} + \sum_{n=1}^{\infty} \frac{w_n}{n(n+1)} e^{-\frac{n}{m}} + O(1)$$

$$= \sum_{n=1}^{\infty} w_n e^{-\frac{n}{m}} \left(\frac{1}{n} - \frac{1}{n+1} \right) + O(1)$$

$$= \sum_{n=1}^{\infty} w_n \left(\frac{e^{-\frac{n}{m}}}{n} - \frac{e^{-\frac{n+1}{m}}}{n+1} \right)$$

$$- \sum_{n=1}^{\infty} \frac{w_n}{n+1} \left(e^{-\frac{n}{m}} - e^{-\frac{n+1}{m}} \right) + O(1)$$

$$= \sum_{n=1}^{\infty} (w_n - w_{n-1}) \frac{1}{n} e^{-\frac{n}{m}} - \left(1 - e^{-\frac{1}{m}} \right) \sum_{n=1}^{\infty} \frac{w_n}{n+1} e^{-\frac{n}{m}} + O(1)$$

$$= f\left(\frac{1}{m} \right) + O \left(\frac{1}{m} \sum_{n=1}^{\infty} e^{-\frac{n}{m}} \right) + O(1) = O(1).$$

2) Für $t > 0$ ist nach 1)

$$t^{-1} f(t) = t^{-1} \sum_{n=1}^{\infty} s(n) (e^{-nt} - e^{-(n+1)t}) = t^{-1} \sum_{n=1}^{\infty} \int_{n}^{n+1} s(u) t e^{-ut} du$$

$$= \int_{0}^{\infty} s(u) e^{-ut} du,$$

$$\varphi(t) = \int_{0}^{\infty} s(u) e^{-ut} du = o(t^{-1}),$$

$$\varphi^{(\nu)}(t) = (-1)^{\nu} \int_{0}^{\infty} s(u) u^{\nu} e^{-ut} du = O \int_{0}^{\infty} u^{\nu} e^{-ut} du = O(t^{-\nu-1}).$$

Nach Hilfssatz 2 ist also

$$\varphi^{(\nu)}(t) = o(t^{-\nu-1}).$$

Aus

$$\varphi^{(\nu)}(t) = (-1)^\nu t^{-\nu-1} \int_0^\infty s\left(\frac{y}{t}\right) y^\nu e^{-y}\, dy$$

folgt nunmehr die Behauptung.

Hilfssatz 4.

Voraussetzung: *Für ganzes $\nu > 0$ sei*

$$\varepsilon = \nu^{-\frac{1}{3}},$$

$$p > 0,$$

$$P_\nu = \int_0^\infty y^\nu e^{-y}\, dy,$$

$$Q_\nu = p \int_0^{\nu(1-\varepsilon)} y^\nu e^{-y}\, dy + 6\,\varepsilon \int_{\nu(1-\varepsilon)}^{\nu(1+\varepsilon)} y^\nu e^{-y}\, dy + p \int_{\nu(1+\varepsilon)}^\infty y^\nu e^{-y}\, dy.$$

Behauptung: $\qquad Q_\nu = o(P_\nu).$

Beweis:

$$\int_0^{\nu(1-\varepsilon)} y^\nu e^{-y}\, dy = (1-\varepsilon)(1-\varepsilon)^\nu \int_0^\nu z^\nu e^{-z(1-\varepsilon)}\, dz \leqq ((1-\varepsilon)e^\varepsilon)^\nu P_\nu,$$

$$6\,\varepsilon \int_{\nu(1-\varepsilon)}^{\nu(1+\varepsilon)} y^\nu e^{-y}\, dy < 6\,\varepsilon\, P_\nu,$$

$$\int_{\nu(1+\varepsilon)}^\infty y^\nu e^{-y}\, dy = (1+\varepsilon)(1+\varepsilon)^\nu \int_\nu^\infty z^\nu e^{-z(1+\varepsilon)}\, dz \leqq 2((1+\varepsilon)e^{-\varepsilon})^\nu P_\nu,$$

$$((1\mp\varepsilon)e^{\pm\varepsilon})^\nu = e^{\left(-\frac{\varepsilon^2}{2} + O(\varepsilon^3)\right)\varepsilon^{-3}} = e^{-\frac{\varepsilon^{-1}}{2} + O(1)} = o(1).$$

Beweis des Hardy-Littlewoodschen Satzes.

Ohne Beschränkung der Allgemeinheit sei $a_0 = 0$ (sonst betrachte man $f(x) - a_0(1-x)$) und $c = 1$ $\left(\text{sonst betrachte man } \dfrac{f(x)}{c}\right)$.

Für

ganzes $\nu > 8$, $\varepsilon = \nu^{-\frac{1}{3}}$, $0 < t < 1$, $\dfrac{\nu(1-\varepsilon)}{t} \leqq \varkappa \leqq \lambda \leqq \dfrac{\nu(1+\varepsilon)}{t}$

ist

$$s(\lambda) - s(\varkappa) \leqq \sum_{\varkappa < n \leqq \lambda} \frac{1}{n} < \frac{\lambda - \varkappa + 1}{\varkappa} < \frac{\lambda - \varkappa}{\varkappa} + \frac{1}{\nu(1-\varepsilon)}$$

$$\leqq \frac{2\varepsilon}{1-\varepsilon} + \frac{\varepsilon^3}{1-\varepsilon} < \frac{3\varepsilon}{1-\varepsilon} < 6\varepsilon.$$

Daher ist für ganzes $\nu > 8$, $\varepsilon = \nu^{-\frac{1}{3}}$, $0 < t < 1$

$$\int_0^\infty \left(s\left(\frac{y}{t}\right) - s\left(\frac{\nu(1-\varepsilon)}{t}\right) \right) y^\nu e^{-y} dy < Q_\nu$$

und

$$\int_0^\infty \left(s\left(\frac{\nu(1+\varepsilon)}{t}\right) - s\left(\frac{y}{t}\right) \right) y^\nu e^{-y} dy < Q_\nu,$$

da die Klammern in beiden Integralen nach Hilfssatz 3, 1) stets $< p$ und ferner $< 6\varepsilon$ für $\nu(1-\varepsilon) \leqq y \leqq \nu(1+\varepsilon)$ sind. Nach Hilfssatz 3, 2) ist bei $t \to 0$ das erste Integral

$$- s\left(\frac{\nu(1-\varepsilon)}{t}\right) P_\nu + o(1),$$

das zweite

$$s\left(\frac{\nu(1+\varepsilon)}{t}\right) P_\nu + o(1).$$

Daher ist bei $t \to +0$

$$s\left(\frac{\nu(1-\varepsilon)}{t}\right) > - \frac{Q_\nu}{P_\nu} + o(1), \quad s\left(\frac{\nu(1+\varepsilon)}{t}\right) < \frac{Q_\nu}{P_\nu} + o(1).$$

Folglich ist (für $\nu > 8$)

$$\varliminf_{u=\infty} s(u) \geqq - \frac{Q_\nu}{P_\nu}, \quad \varlimsup_{u=\infty} s(u) \leqq \frac{Q_\nu}{P_\nu}.$$

$\nu \to \infty$ gibt nach Hilfssatz 4

$$s(u) \to 0,$$

$$\sum_{n=1}^\infty a_n = 0.$$

§ 11.

Einige Nachträge.

Ich kehre zu einfacheren Dingen zurück und beweise, lediglich, weil sie nachher angewendet werden, noch zwei Sätze aus diesem Ideenkreis.

Satz A.

Voraussetzung:

$$a_n = o\left(\frac{1}{n}\right).$$

Es sei ferner bei wachsendem r

$$\lim_{r=1} f\left(r\,e^{\varphi i}\right) = g(\varphi)$$

gleichmäßig für alle reellen φ vorhanden.

Behauptung: *Es ist die Reihe*

$$\sum_{n=0}^{\infty} a_n\,e^{n\varphi i}$$

gleichmäßig konvergent und $= g(\varphi)$.

Satz B.

Voraussetzung:

$$a_n = O\left(\frac{1}{n}\right).$$

Es sei ferner φ reell und $f(x)$ für $|x| < 1$ beschränkt:

$$|f(x)| < M.$$

Behauptung:

$$\left|\sum_{n=0}^{m} a_n\,e^{n\varphi i}\right| < N,$$

wo N von φ und m unabhängig ist.

Beweis von Satz A und Satz B: Für $0 < r < 1$ und $m > 1$ ist

$$\sum_{n=0}^{m} a_n\,e^{n\varphi i} - f\left(r\,e^{\varphi i}\right) = \sum_{n=0}^{m} a_n\,e^{n\varphi i}\left(1-r^n\right) - \sum_{n=m+1}^{\infty} a_n\,r^n\,e^{n\varphi i},$$

$$\left|\sum_{n=0}^{m} a_n\,e^{n\varphi i} - f\left(r\,e^{\varphi i}\right)\right| \leqq (1-r)\sum_{n=1}^{m} n\,|a_n| + \sum_{n=m+1}^{\infty} |a_n|\,r^n.$$

1) Im Falle $a_n = o\left(\frac{1}{n}\right)$ strebt, $r = 1 - \frac{1}{m}$ gesetzt, wie beim Beweise des Satzes aus § 8 gezeigt, die (von φ freie) rechte Seite mit $m \to \infty$ gegen 0, womit offenbar Satz A bewiesen ist.

2) Im Falle $|n\,a_n| < c$ ist für $r = 1 - \frac{1}{m}$ die rechte Seite

$$< \frac{1}{m}\sum_{n=1}^{m} c + \frac{c}{m}\sum_{n=m+1}^{\infty} r^n < c + \frac{c}{m}\sum_{n=0}^{\infty} r^n = 2c,$$

also, wegen $\left| f\left(\left(1 - \dfrac{1}{m}\right) e^{\varphi i} \right) \right| < M,$

$$\left| \sum_{n=0}^{m} a_n e^{n\varphi i} \right| < M + 2c;$$

also gibt es ein N verlangter Art.

§ 12.
Ein Satz von M. Riesz.

Voraussetzung: *Es bezeichne S den Sektor*

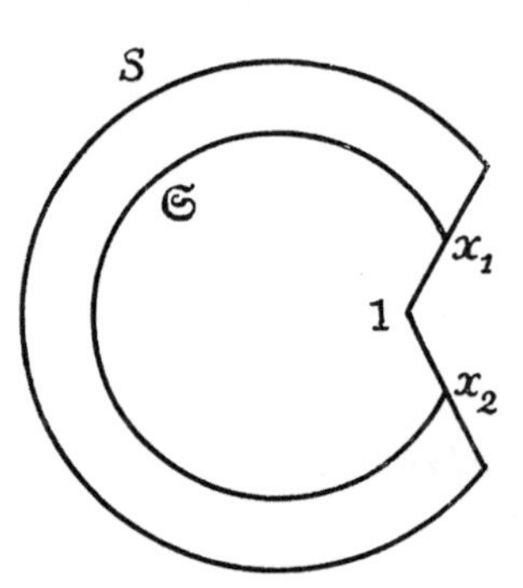

$$\begin{cases} \quad |x| \leqq R \qquad\qquad (R > 1), \\ \vartheta \leqq \operatorname{arc}(x-1) \leqq 2\pi - \vartheta \quad \left(0 < \vartheta < \dfrac{\pi}{2}\right). \end{cases}$$

Es sei $f(x)$ im Sektor S einschließlich des Randes stetig und ebenda exkl. $x = 1$ regulär.

 Behauptung: *Die für $|x| < 1$ gültige Potenzreihe*

$$f(x) = \sum_{n=0}^{\infty} a_n x^n$$

konvergiert für $|x| = 1$ und zwar gleichmäßig.

 Beweis: Nach Satz A des § 11 ist es hinreichend,

$$a_n = o\left(\frac{1}{n}\right)$$

zu beweisen. Ohne Beschränkung der Allgemeinheit sei $f(1) = 0$. Es bezeichne M das Maximum von $|f(x)|$ für den Sektor S.

 $\delta > 0$ sei gegeben. $r = r(\delta)$ werde so gewählt, daß $1 < r < R$ ist und daß auf dem geradlinigen Randteile des Sektors $\mathfrak{S}$

$$|x| \leqq r, \quad \vartheta \leqq \operatorname{arc}(x-1) \leqq 2\pi - \vartheta$$

die Ungleichung

$$|f(x)| < \delta$$

besteht.

 Nach dem (wegen der Stetigkeit von $f(x)$ auf den Rand von $\mathfrak{S}$ ausdehnbaren) Cauchyschen Satz ist

$$a_n = \frac{1}{2\pi i}\left(\int_{1}^{x_1} \frac{f(x)}{x^{n+1}}\,dx + \int_{x_1}^{x_2} \frac{f(x)}{x^{n+1}}\,dx + \int_{x_2}^{1} \frac{f(x)}{x^{n+1}}\,dx \right).$$

Hierin ist für $n > 0$

$$\left| \int_1^{x_1} \frac{f(x)}{x^{n+1}}\, dx \right| \leqq \delta \int_0^{|x_1-1|} \frac{dy}{|1 + e^{\vartheta i}\, y|^{n+1}} \leqq \delta \int_0^{|x_1-1|} \frac{dy}{(1 + y \cos\vartheta)^{n+1}}$$

$$< \delta \int_0^{\infty} \frac{dy}{(1 + y \cos\vartheta)^{n+1}} = \frac{\delta}{n \cos\vartheta},$$

ebenso

$$\left| \int_{x_2}^1 \frac{f(x)}{x^{n+1}}\, dx \right| < \frac{\delta}{n \cos\vartheta},$$

endlich

$$\left| \int_{x_1}^{x_2} \frac{f(x)}{x^{n+1}}\, dx \right| \leqq 2\pi r\, \frac{M}{r^{n+1}} = \frac{2\pi M}{r^n},$$

also

$$|a_n| < \frac{\delta}{\pi \cos\vartheta} \cdot \frac{1}{n} + \frac{M}{r^n},$$

$$\overline{\lim_{n=\infty}}\; n\,|a_n| \leqq \frac{\delta}{\pi \cos\vartheta}$$

für alle $\delta > 0$, folglich

$$\lim_{n=\infty}\; n\,|a_n| = 0.$$

§ 13.

Ein Satz von Fejér.

Voraussetzung: $\sum\limits_{n=0}^{\infty} n\,|a_n|^2$ *konvergiere.*

Behauptung: $\sum\limits_{n=0}^{\infty} a_n x^n$

konvergiert in allen Punkten auf dem Rande des Einheitskreises, für welche bei radialer Annäherung die Funktion einen Limes hat. Und zwar gleichmäßig in jeder Menge, für welche der Limes gleichmäßig vorhanden ist.

Vorbemerkungen: 1) Die Voraussetzung ist sicher erfüllt, wenn

$$f(x) = \sum_{n=0}^{\infty} a_n x^n$$

für $|x| < 1$ regulär, beschränkt und schlicht ist. Denn dann ist die Fläche des Bildes des Kreises $|x| = r$, $0 < r < 1$, welche

$$= \iint_{u^2 + v^2 \leqq r^2} |f'(u+vi)|^2 \, du \, dv = \int_{\varrho=0}^{r} \int_{\varphi=0}^{2\pi} |f'(\varrho e^{\varphi i})|^2 \, \varrho \, d\varrho \, d\varphi$$

$$= \int_0^r \varrho \, d\varrho \int_0^{2\pi} |f'(\varrho e^{\varphi i})|^2 \, d\varphi = \int_0^r \varrho \, d\varrho \, 2\pi \sum_{n=1}^{\infty} n^2 |a_n|^2 \varrho^{2n-2}$$

$$= 2\pi \sum_{n=1}^{\infty} n^2 |a_n|^2 \int_0^r \varrho^{2n-1} \, d\varrho = \pi \sum_{n=1}^{\infty} n |a_n|^2 r^{2n}$$

ist, für $0 < r < 1$ beschränkt, woraus die Konvergenz von

$$\sum_{n=0}^{\infty} n |a_n|^2$$

folgt.

In Verbindung mit dem Fatouschen Satz des § 5 ergibt sich dann also, daß $\sum_{n=0}^{\infty} a_n e^{n\varphi i}$ für alle φ mit $0 \leqq \varphi \leqq 2\pi$ bis auf eine Nullmenge konvergiert.

2) Wenn $\sum_{n=0}^{\infty} n |a_n|^2$ konvergiert und überdies $\lim_{r=1} f(r e^{\varphi i})$ gleichmäßig für alle reellen φ vorhanden ist, m. a. W. überdies $f(x)$ eine für $|x| \leqq 1$ stetige, für $|x| < 1$ reguläre Funktion ist, so besagt die Behauptung gleichmäßige Konvergenz auf dem ganzen Rande.

Beweis: Ich setze

$$\sum_{n=v}^{\infty} n |a_n|^2 = \varepsilon_v.$$

Dann ist, den trivialen Fall eines ganzen rationalen $f(x)$ beiseite gelassen, $\varepsilon_v > 0$ und $\varepsilon_v \to 0$. Ich nehme v gleich so groß, daß $r_v = 1 - \dfrac{\sqrt{\varepsilon_v}}{v} > 0$ ist. Dann ist für alle reellen φ

$$\left| \sum_{n=0}^{v} a_n e^{n\varphi i} - f(r_v e^{\varphi i}) \right| = \left| \sum_{n=0}^{v} a_n e^{n\varphi i}(1-r_v^n) - \sum_{n=v+1}^{\infty} a_n r_v^n e^{n\varphi i} \right|$$

$$\leqq (1-r_v) \sum_{n=0}^{v} n |a_n| + \sum_{n=v+1}^{\infty} |a_n| r_v^n.$$

Die rechte Seite ist von φ frei; die Behauptung wird also bewiesen sein, wenn gezeigt wird, daß sie $\to 0$ für $v \to \infty$ ist. Nun ist sie aber unter Anwendung der Cauchyschen Ungleichung

$$\leqq (1-r_\nu) \sum_{n=0}^{\nu} \sqrt{n} \cdot \sqrt{n}\, |a_n| + \frac{1}{\sqrt{\nu}} \sum_{n=\nu+1}^{\infty} \sqrt{n}\, |a_n|\, r_\nu^n$$

$$\leqq (1-r_\nu) \sqrt{\sum_{n=0}^{\nu} n \cdot \sum_{n=0}^{\nu} n\, |a_n|^2} + \frac{1}{\sqrt{\nu}} \sqrt{\sum_{n=\nu+1}^{\infty} n\, |a_n|^2 \sum_{n=\nu+1}^{\infty} r_\nu^{2n}}$$

$$\leqq (1-r_\nu) \sqrt{\nu^2 \cdot \varepsilon_0} + \frac{1}{\sqrt{\nu}} \sqrt{\varepsilon_\nu \frac{1}{1-r_\nu}} \;=\; \sqrt{\varepsilon_0}\,\sqrt{\varepsilon_\nu} + \sqrt[4]{\varepsilon_\nu} \to 0.$$

Viertes Kapitel.

Über einige Merkwürdigkeiten des Verhaltens von Potenzreihen auf dem Rande.

§ 14.

Hardysches Beispiel.

Es gibt eine Potenzreihe, die für $|x| = 1$ gleichmäßig, aber nicht absolut konvergiert.

Beweis: Die Funktion

$$g(x) = (1-x)^{-i} = \sum_{n=0}^{\infty} (-1)^n \binom{-i}{n} x^n = \sum_{n=0}^{\infty} b_n x^n$$

ist für $|x| < 1$ regulär und beschränkt, weil ja dort

$$g(x) = e^{-i \log(1-x)}$$

mit $-\dfrac{\pi}{2} < \Im \log(1-x) < \dfrac{\pi}{2}$ ist. Es ist

$$|n\, b_n| = n \left| -\frac{i(i+1)\ldots(i+n-1)}{1\ldots(n-1)} \frac{1}{n} \right|$$

$$= \sqrt{\left(1+\frac{1}{1^2}\right) \cdots \left(1+\frac{1}{(n-1)^2}\right)} \to \sqrt{\prod_{v=1}^{\infty}\left(1+\frac{1}{v^2}\right)},$$

also einerseits

$$b_n = O\left(\frac{1}{n}\right),$$

andererseits

$$\sum_{n=2}^{\infty} \frac{|b_n|}{\log n}$$

divergent. Nach dem Satz B des § 11 ist wegen $b_n = O\left(\dfrac{1}{n}\right)$ und der Beschränktheit von $g(x)$, wenn für $m \geqq 1$, $\varphi \gtrless 0$

$$B_m(\varphi) = \sum_{n=2}^{m} b_n e^{n\varphi i}$$

gesetzt wird,

$$|B_m(\varphi)| < c,$$

wo c von m und φ frei ist.

Wird nun für $n \geqq 2$

$$a_n = \frac{b_n}{\log n},$$

$$f(x) = \sum_{n=2}^{\infty} a_n x^n = \sum_{n=2}^{\infty} \frac{b_n}{\log n} \cdot x^n$$

gesetzt, so ist erstens

$$\sum_{n=2}^{\infty} |a_n|$$

divergent; zweitens

$$\sum_{n=2}^{\infty} a_n e^{n\varphi i}$$

gleichmäßig konvergent, wie aus der für ganze u, v mit $v \geqq u \geqq 2$ gültigen Abschätzung

$$\left| \sum_{n=u}^{v} a_n e^{n\varphi i} \right| = \left| \sum_{n=u}^{v} \frac{B_n(\varphi) - B_{n-1}(\varphi)}{\log n} \right|$$

$$= \left| \sum_{n=u}^{v} B_n(\varphi) \left(\frac{1}{\log n} - \frac{1}{\log (n+1)} \right) - \frac{B_{u-1}(\varphi)}{\log u} + \frac{B_v(\varphi)}{\log (v+1)} \right|$$

$$< c \sum_{n=u}^{v} \left(\frac{1}{\log n} - \frac{1}{\log (n+1)} \right) + \frac{c}{\log u} + \frac{c}{\log (v+1)} = \frac{2c}{\log u}$$

hervorgeht.

§ 15.

Lusinsches Beispiel.

Es gibt eine Potenzreihe

$$f(x) = \sum_{n=0}^{\infty} a_n x^n$$

mit $a_n \to 0$, welche auf dem ganzen Rande des Einheitskreises divergiert.

Beweis: Für ganzes $m > 0$ setze ich

$$g_m(x) = 1 + x + \cdots + x^{m-1} = \frac{1 - x^m}{1 - x}.$$

Dann ist für $\varphi \gtreqless 0$, $\xi = e^{\varphi i} \neq 1$

$$|g_m(\xi)| = \left| \frac{1 - e^{m\varphi i}}{1 - e^{\varphi i}} \right| = \left| \frac{e^{-\frac{m}{2}\varphi i} - e^{\frac{m}{2}\varphi i}}{e^{-\frac{\varphi}{2} i} - e^{\frac{\varphi}{2} i}} \right| = \left| \frac{\sin \dfrac{m\varphi}{2}}{\sin \dfrac{\varphi}{2}} \right|.$$

Auf dem Kreisbogen $-\dfrac{\pi}{m} \leqq \varphi \leqq \dfrac{\pi}{m}$ exkl. $\varphi = 0$ ist also $\left(\text{wegen } \left| \dfrac{m\varphi}{2} \right| \leq \dfrac{\pi}{2}\right)$

$$|g_m(\xi)| \geqq \frac{\dfrac{2}{\pi} \cdot \left| \dfrac{m\varphi}{2} \right|}{\left| \dfrac{\varphi}{2} \right|} = \frac{2}{\pi} m,$$

und diese Abschätzung $\dfrac{2}{\pi} m$ gilt auch für $\varphi = 0$. Für jedes $\xi = e^{\varphi i}$, $\varphi \gtreqless 0$, gibt es also $\left(\text{da jener Bogen die Länge } \dfrac{2\pi}{m} \text{ hat}\right)$ ein ganzes k des Intervalls $0 \leqq k < m$, so daß

$$\left| g_m\!\left(e^{-\frac{2\pi k}{m} i} \xi\right) \right| \geqq \frac{2}{\pi} m$$

ist; wir merken uns

$$\mathop{\text{Max.}}_{0 \leqq k < m} \left| g_m\!\left(e^{-\frac{2\pi k}{m} i} \xi\right) \right| \geqq \frac{2}{\pi} m.$$

Nun werde für jedes $m > 0$ das Polynom

$$h_m(x) = g_m(x) + x^m g_m\!\left(e^{-\frac{2\pi}{m} i} x\right) + \cdots + x^{mk} g_m\!\left(e^{-\frac{2\pi k}{m} i} x\right) + \cdots$$
$$+ x^{m(m-1)} g_m\!\left(e^{-\frac{2\pi(m-1)}{m} i} x\right)$$

betrachtet; dies ist, da in jedem der m Terme die Exponenten größer sind als in den vorangehenden, ein Polynom $(m-1)(m+1)$ten Grades, in dem alle Koeffizienten den absoluten Betrag 1 haben.

Schließlich werde

$$\sum_{m=1}^{\infty} \frac{1}{\sqrt{m}} x^{1^2 + 2^2 + \cdots + (m-1)^2} h_m(x) = \sum_{n=0}^{\infty} a_n x^n$$

gesetzt. Dies ist, da links jeder Term wegen $1^2 + \cdots + (m-1)^2 + (m-1)(m+1) < 1^2 + \cdots + (m-1)^2 + m^2$ ausschließlich höhere Exponenten liefert als die vorhergehenden, eine Potenzreihe mit $a_n \to 0$.

Wäre diese Potenzreihe für irgend ein ξ auf dem Einheitskreise konvergent, so müßte a fortiori

$$\lim_{m=\infty} \frac{1}{\sqrt{m}} \left| \xi^{1^2 + \cdots + (m-1)^2} \right| \underset{0 \leq k < m}{\text{Max.}} \left| \xi^{mk} g_m \left(e^{-\frac{2\pi k}{m} i} \xi \right) \right| = 0$$

sein, während nach dem obigen der Ausdruck unter dem Limeszeichen

$$\geq \frac{1}{\sqrt{m}} \frac{2}{\pi} m = \frac{2}{\pi} \sqrt{m}$$

ist.

§ 16.

Sierpiński'sches Beispiel.

Es gibt eine Potenzreihe

$$g(x) = \sum_{n=0}^{\infty} b_n x^n,$$

welche im Punkte $x = 1$, aber in keinem anderen Punkte des Randes des Einheitskreises konvergiert.

Beweis: Unter Benutzung des Lusinschen Beispiels werde gesetzt:

$$g(x) = a_0 - a_0 x + a_1 x^2 - a_1 x^3 + a_2 x^4 - a_2 x^5 + \cdots.$$

Diese Reihe ist im Punkte $x = 1$ wegen $a_n \to 0$ konvergent.

Wäre sie für ein $\xi \neq 1$ mit $|\xi| = 1$ konvergent, so würde a fortiori

$$a_0(1 - \xi) + a_1 \xi^2 (1 - \xi) + a_2 \xi^4 (1 - \xi) + \cdots$$

konvergieren, also

$$a_0 + a_1 \xi^2 + a_2 \xi^4 + \cdots$$

gleichfalls, was wegen $|\xi^2| = 1$ nach Lusin ausgeschlossen ist.

Fünftes Kapitel.

Beziehungen der Koeffizienten einer Potenzreihe zu Singularitäten der Funktion auf dem Rande.

§ 17.

Satz von Pringsheim.

Satz.

Voraussetzung: *Die beiden Potenzreihen*

$$f(x) = \sum_{n=0}^{\infty} a_n x^n, \qquad g(x) = \sum_{n=0}^{\infty} \Re(a_n) x^n$$

haben den Konvergenzradius 1. *Es sei* $\Re(a_n) \geqq 0$.

Behauptung: 1 *ist singulärer Punkt der Funktion* $f(x)$.

Beweis: 1) Es seien alle $a_n \geqq 0$. Wegen

$$x^n = \sum_{v=0}^{n} \binom{n}{v} \frac{1}{2^{n-v}} (x - \tfrac{1}{2})^v$$

divergieren für $x > 1$ die Reihen (mit Gliedern $\geqq 0$)

$$\sum_{n=0}^{\infty} \sum_{v=0}^{n} a_n \binom{n}{v} \frac{1}{2^{n-v}} (x - \tfrac{1}{2})^v, \qquad \sum_{v=0}^{\infty} \sum_{n=v}^{\infty} a_n \binom{n}{v} \frac{1}{2^{n-v}} (x - \tfrac{1}{2})^v,$$

$$\sum_{v=0}^{\infty} \frac{f^{(v)}(\tfrac{1}{2})}{v!} (x - \tfrac{1}{2})^v;$$

daher ist $f(x)$ in $x = 1$ singulär.

2) Im allgemeinen Fall liefert die Anwendung des Spezialfalls 1) auf $g(x)$ die Divergenz von

$$\sum_{v=0}^{\infty} \frac{g^{(v)}(\tfrac{1}{2})}{v!} (x - \tfrac{1}{2})^v$$

für $x > 1$. Wegen

$$g^{(\nu)}\left(\tfrac{1}{2}\right) = \Re f^{(\nu)}\left(\tfrac{1}{2}\right)$$

divergiert [1]) also

$$\sum_{\nu=0}^{\infty} \frac{f^{(\nu)}\left(\tfrac{1}{2}\right)}{\nu!}\left(x-\tfrac{1}{2}\right)^{\nu}$$

für $x > 1$; daher ist $f(x)$ in $x = 1$ singulär.

§ 18.

Satz von M. Riesz.

Voraussetzung: $\qquad a_n \to 0.$

Behauptung: $\qquad \displaystyle\sum_{n=0}^{\infty} a_n x^n$

konvergiert in jedem regulären Punkte des Einheitskreises und zwar gleichmäßig auf jedem Regularitätsbogen (d. i. Bogen, dessen sämtliche Punkte einschließlich der Enden regulär sind).

Vorbemerkung: Falls der Konvergenzradius $r > 1$ ist, ist die Behauptung trivial. Im Falle $r = 1$ braucht natürlich kein regulärer Punkt auf dem Rande zu liegen. Auf Grund des Satzes ist z. B. die Lusinsche Reihe aus § 15 nicht fortsetzbar.

Beweis: Es sei $x_1 \ldots x_2$ ein gegebener Regularitätsbogen $(\mathrm{arc}\, x_1 \leqq \mathrm{arc}\, x \leqq \mathrm{arc}\, x_2)$. Ich kann ihn beiderseits so verlängern, daß $y_1 \ldots y_2$ auch noch ein Regularitätsbogen ist $(\mathrm{arc}\, y_1 < \mathrm{arc}\, x_1,\ \mathrm{arc}\, x_2 < \mathrm{arc}\, y_2)$, und kann $R > 1$ so wählen, daß die für $|x| < 1$ durch die Potenzreihe dargestellte Funktion $f(x)$ im ganzen Sektor (einschließlich Rand) $0 \leqq |x| \leqq R$, $\mathrm{arc}\, y_1 \leqq \mathrm{arc}\, x \leqq \mathrm{arc}\, y_2$ regulär ist; z_1 und z_2 mögen die Ecken des Sektors außerhalb des Einheitskreises bezeichnen. Die Behauptung wird bewiesen sein, wenn es gelingt, für die eo ipso im Sektor regulären Funktionen von x

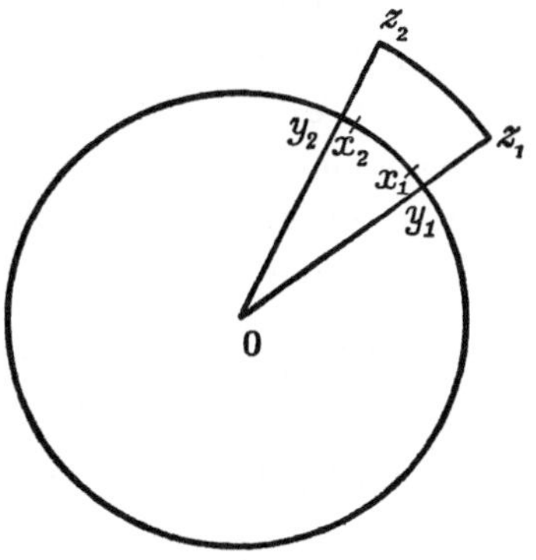

$$g_n(x) = \frac{f(x) - (a_0 + \cdots + a_n x^n)}{x^{n+1}}\,(x-y_1)(x-y_2) \qquad (n = 0, 1, 2, \ldots)$$

---

1) Gleichgültig, ob $\displaystyle\sum_{\nu=0}^{\infty} \frac{\Im f^{(\nu)}\left(\tfrac{1}{2}\right)}{\nu!}\left(x-\tfrac{1}{2}\right)^{\nu}$ konvergiert oder divergiert.

zu zeigen, daß auf dem Rande des Sektors gleichmäßig

$$\lim_{n=\infty} g_n(x) = 0$$

ist. Denn, weil $|g_n(x)|$ im Innern des Sektors nicht größer als das Maximum auf dem Rande ist, ist alsdann auf dem Bogen $x_1 \ldots x_2$ gleichmäßig

$$\lim_{n=\infty} g_n(x) = 0,$$

und auf diesem Bogen ist

$$|f(x) - (a_0 + \cdots + a_n x^n)| \leqq \frac{|g_n(x)|}{L^2},$$

wo L der kleinste Abstand des Bogens vom Rande des Sektors ist, so daß auf dem Bogen gleichmäßig

$$\lim_{n=\infty} (f(x) - (a_0 + \cdots + a_n x^n)) = 0$$

folgen wird.

Offenbar braucht

$$\lim_{n=\infty} g_n(x) = 0$$

nur gezeigt zu werden:

    1) gleichmäßig auf der Strecke 0 (exkl.) bis y_1 (exkl.),
    2) gleichmäßig auf der Strecke y_1 (exkl.) bis z_1 (exkl.),
    3) gleichmäßig auf dem Bogen z_1 (inkl.) bis z_2 (inkl.);

denn im Punkte 0 ist $g_n(x) = a_{n+1} y_1 y_2 \to 0$, im Punkte y_1 ist jedes $g_n(x) = 0$, und für die Strecke 0 bis z_2 folgt es aus Symmetriegründen.

M bezeichne das Maximum von $|f(x)|$ für die Sektorfläche.

1) Auf der Strecke 0 (exkl.) bis y_1 (exkl.) ist

$$\begin{aligned}
|f(x) - (a_0 + \cdots + a_n x^n)| &= |a_{n+1} x^{n+1} + a_{n+2} x^{n+2} + \cdots| \\
&\leqq |a_{n+1}| |x|^{n+1} + |a_{n+2}| |x|^{n+2} + \cdots,
\end{aligned}$$

also, wenn ε_n die obere Grenze von $|a_\nu|$ für $\nu > n$ ist,

$$\leqq \varepsilon_n (|x|^{n+1} + |x|^{n+2} + \cdots) = \frac{\varepsilon_n |x|^{n+1}}{1 - |x|}.$$

Wird $x = r y_1$ gesetzt, wo also $|x| = r$ und $0 < r < 1$ ist, so ist

$$|x - y_1| = 1 - r, \quad |x - y_2| < 2,$$

folglich

$$|g_n(x)| \leqq \frac{\varepsilon_n r^{n+1}}{1 - r} \frac{1}{r^{n+1}} (1 - r) 2 = 2 \varepsilon_n,$$

wo die rechte Seite von x frei ist und nach Voraussetzung gegen 0 strebt.

2) Wenn für jedes $m \geqq 0$

$$M + |a_0| + |a_1| R + \cdots + |a_m| R^m = A_m$$

gesetzt wird, ergibt sich auf der Strecke y_1 (exkl.) bis z_1 (exkl.), die mit $x = r y_1$, $1 < r < R$ bezeichnet werden kann, für $n > m$

$$|f(x) - (a_0 + \cdots + a_n x^n)|$$
$$\leqq M + |a_0| + |a_1| R + \cdots + |a_m| R^m + \varepsilon_m (r^{m+1} + \cdots + r^n)$$
$$\leqq A_m + \varepsilon_m (1 + r + \cdots + r^n) = A_m + \varepsilon_m \frac{r^{n+1} - 1}{r - 1} \leqq A_m + \varepsilon_m \frac{r^{n+1}}{r - 1},$$

ferner

$$|x - y_1| = r - 1, \qquad |x - y_2| < 2R,$$

also

$$|g_n(x)| \leqq \left(A_m + \varepsilon_m \frac{r^{n+1}}{r - 1} \right) \frac{1}{r^{n+1}} (r - 1) 2R = A_m \frac{r - 1}{r^{n+1}} 2R + \varepsilon_m . 2R.$$

Nun ist

$$\frac{r - 1}{r^{n+1}} < \frac{r - 1}{r^{n+1} - 1} = \frac{1}{r^n + \cdots + 1} < \frac{1}{n},$$

also

$$|g_n(x)| \leqq \frac{2 A_m R}{n} + 2R \varepsilon_m.$$

Zu jedem $\delta > 0$ gibt es ein $m = m(\delta)$, so daß $2R \varepsilon_m < \dfrac{\delta}{2}$ ist. Alsdann ist (bei allen x der Strecke) für alle n, welche sowohl m als auch $\dfrac{4 A_m R}{\delta}$ übertreffen,

$$|g_n(x)| < \frac{\delta}{2} + \frac{\delta}{2} = \delta.$$

3) Wenn A_m die obige Bedeutung hat, ist auf dem Bogen z_1 (inkl.) bis z_2 (inkl.) für $n > m$

$$|f(x) - (a_0 + \cdots + a_n x^n)|$$
$$\leqq M + |a_0| + |a_1| R + \cdots + |a_m| R^m + \varepsilon_m (R^{m+1} + \cdots + R^n)$$
$$\leqq A_m + \varepsilon_m (1 + R + \cdots + R^n) \leqq A_m + \varepsilon_m \frac{R^{n+1}}{R - 1},$$

ferner

$$|x - y_1| < 2R, \quad |x - y_2| < 2R,$$

also

$$|g_n(x)| \leqq \left(A_m + \varepsilon_m \frac{R^{n+1}}{R - 1} \right) \frac{1}{R^{n+1}} 4R^2 = A_m \frac{4}{R^{n-1}} + \varepsilon_m \frac{4 R^2}{R - 1}.$$

Zu jedem $\delta > 0$ gibt es ein $m = m(\delta)$, so daß $\varepsilon_m \dfrac{4\,R^2}{R-1} < \dfrac{\delta}{2}$ ist, und alsdann ein $N = N(\delta) > m$, so daß für $n > N$

$$A_m \frac{4}{R^{n-1}} < \frac{\delta}{2}$$

ist, also (bei allen x des Bogens)

$$|g_n(x)| < \frac{\delta}{2} + \frac{\delta}{2} = \delta.$$

§ 19.
Fabrysche Sätze.

Hilfssatz 1.

Voraussetzung: *Es habe*

$$f(x) = \sum_{n=0}^{\infty} a_n x^n$$

den Konvergenzradius 1, und es sei

$$\overline{\lim_{\lambda = \infty}} \ \sqrt[\lambda]{\left| \sum_{n=0}^{\lambda} \binom{\lambda}{n} a_n \right|} \geqq 2.$$

Behauptung: 1 *ist singulärer Punkt.*
Beweis: Die Funktion

$$g(y) = \frac{1}{1-y} f\left(\frac{y}{1-y}\right)$$

ist für $\Re(y) < \dfrac{1}{2}$ regulär, da dort $\left|\dfrac{y}{1-y}\right| < 1$ ist. Ihre (minde-stens für $|y| < \dfrac{1}{2}$ konvergente) Entwicklung bei $y = 0$ lautet

$$g(y) = \sum_{n=0}^{\infty} a_n \frac{y^n}{(1-y)^{n+1}} = \sum_{n=0}^{\infty} a_n y^n \sum_{\mu=0}^{\infty} \frac{(n+1)\ldots(n+\mu)}{\mu!} y^\mu$$

$$= \sum_{\lambda=0}^{\infty} y^\lambda \sum_{n=0}^{\lambda} \frac{\lambda!}{n!(\lambda-n)!} a_n = \sum_{\lambda=0}^{\infty} b_\lambda y^\lambda.$$

Da nach Voraussetzung

$$\overline{\lim_{\lambda = \infty}} \ \sqrt[\lambda]{|b_\lambda|} \geqq 2$$

ist, so ist $\frac{1}{2}$ der wahre Konvergenzradius dieser Potenzreihe. Da alle von $\frac{1}{2}$ verschiedenen Punkte des Kreises $|y| = \frac{1}{2}$ reguläre Stellen von $g(y)$ sind, ist also $g(y)$ singulär in $y = \frac{1}{2}$; wäre aber $f(x)$ in $x = 1$ regulär, so wäre $g(y)$ in $y = \frac{1}{2}$ auch regulär.

Hilfssatz 2.

Voraussetzung: *Es habe*

$$\sum_{n=0}^{\infty} a_n x^n$$

den Konvergenzradius 1, und es sei für irgend ein ϑ der Strecke $0 < \vartheta < 1$

$$\overline{\lim_{\lambda = \infty}} \sqrt[\lambda]{\left| \sum_{(1-\vartheta)\lambda \leq n \leq (1+\vartheta)\lambda} \frac{\lambda!\,\lambda!}{n!\,(2\lambda - n)!}\, a_n \right|} \geq 1.$$

Behauptung: 1 *ist singulärer Punkt.*

Beweis: Für $\vartheta\lambda < \nu \leq \lambda$ ist

$$\frac{\lambda!\,\lambda!}{(\lambda-\nu)!\,(\lambda+\nu)!} = \prod_{\mu=1}^{\nu} \frac{\lambda-\nu+\mu}{\lambda+\mu} \leq \left(\frac{\lambda}{\lambda+\nu}\right)^{\nu} \leq \left(\frac{\lambda}{\lambda+\vartheta\lambda}\right)^{\vartheta\lambda}$$
$$= (1+\vartheta)^{-\vartheta\lambda}.$$

Daher ist wegen der Voraussetzung bei jedem η mit $(1+\vartheta)^{-\frac{\vartheta}{2}} < \eta < 1$ für unendlich viele λ

$$\left| \sum_{n=0}^{2\lambda} \frac{\lambda!\,\lambda!}{n!\,(2\lambda - n)!}\, a_n \right|$$
$$= \left| \sum_{(1-\vartheta)\lambda \leq n \leq (1+\vartheta)\lambda} \frac{\lambda!\,\lambda!}{n!\,(2\lambda-n)!}\, a_n + \sum_{\vartheta\lambda < \nu \leq \lambda} \frac{\lambda!\,\lambda!}{(\lambda-\nu)!\,(\lambda+\nu)!}\, (a_{\lambda-\nu} + a_{\lambda+\nu}) \right|$$
$$\geq \eta^{2\lambda} - (1+\vartheta)^{-\vartheta\lambda}\, 2\lambda \operatorname*{Max.}_{n \leq 2\lambda} |a_n|.$$

Wegen

$$\overline{\lim_{n = \infty}} \sqrt[n]{|a_n|} = 1$$

ist zuletzt

$$(1+\vartheta)^{-\vartheta\lambda}\, 2\lambda \operatorname*{Max.}_{n \leq 2\lambda} |a_n| < \tfrac{1}{2}\, \eta^{2\lambda},$$

also

$$\overline{\lim_{\lambda = \infty}} \sqrt[2\lambda]{\left| \sum_{n=0}^{2\lambda} \frac{\lambda!\,\lambda!}{n!\,(2\lambda - n)!}\, a_n \right|} \geq \eta;$$

$\eta \to 1$ gibt

$$\overline{\lim_{\lambda = \infty}} \sqrt[2\lambda]{\left| \sum_{n=0}^{2\lambda} \frac{\lambda!\,\lambda!}{n!\,(2\lambda - n)!}\, a_n \right|} \geq 1.$$

Wegen

$$\left| \sum_{n=0}^{2\lambda} \binom{2\lambda}{n} a_n \right| = \frac{(2\lambda)!}{\lambda!\,\lambda!} \left| \sum_{n=0}^{2\lambda} \frac{\lambda!\,\lambda!}{n!\,(2\lambda-n)!} a_n \right|$$

nebst

$$(2\lambda+1)\,\frac{(2\lambda)!}{\lambda!\,\lambda!} \geqq \sum_{n=0}^{2\lambda} \binom{2\lambda}{n} = 2^{2\lambda}$$

ist also

$$\varlimsup_{\lambda=\infty} \sqrt[2\lambda]{\left| \sum_{n=0}^{2\lambda} \binom{2\lambda}{n} a_n \right|} \geqq 2,$$

also 1 nach Hilfssatz 1 singulär.

Hilfssatz 3.

Voraussetzung: *Es sei*

$$g(y) = \sum_{k=0}^{\infty} c_k y^k$$

ganz. Bei $|y| = R \to \infty$ sei für jedes $\delta > 0$ gleichmäßig in y

$$g(y) = O\left(e^{\delta R}\right).$$

Behauptung: 1) $\sum_{k=0}^{\infty} |c_k|\,R^k = O\left(e^{\delta R}\right)$ *für jedes $\delta > 0$.*

2)
$$\sum_{k=0}^{\infty} |c_k| \left(\frac{k}{p}\right)^k$$

konvergiert für jedes $p > 0$.

Beweis: 1) Aus

$$|c_k| \leqq \frac{1}{(2R)^k} \operatorname*{Max.}_{|y|=2R} |g(y)| \quad \text{für } k \geqq 0,\ R > 0$$

folgt

$$\sum_{k=0}^{\infty} |c_k|\,R^k \leqq 2 \operatorname*{Max.}_{|y|=2R} |g(y)| = O\left(e^{\frac{\delta}{2}\,2R}\right).$$

2) Aus

$$|c_k| \leqq \frac{1}{R^k} \operatorname*{Max.}_{|y|=R} |g(y)| \quad \text{für } k \geqq 0,\ R > 0$$

folgt für $k > 0$, wenn $R = \dfrac{2\,e\,k}{p}$ und das δ der Voraussetzung $= \dfrac{p}{2e}$ genommen wird, bei passendem $P(p)$

$$|c_k| < \left(\frac{p}{2\,e\,k}\right)^k P\,e^{\frac{p}{2\,e}\frac{2\,e\,k}{p}},$$

$$|c_k|\left(\frac{k}{p}\right)^k < \frac{P}{2^k}.$$

Hilfssatz 4.

Voraussetzung: $\qquad f(x) = \sum_{n=0}^{\infty} a_n x^n$

habe den Konvergenzradius 1 und sei in $x = 1$ regulär. $g(y)$ erfülle die Voraussetzungen des Hilfssatzes 3, so daß

$$F(x) = \sum_{n=0}^{\infty} a_n\, g(n)\, x^n$$

für $|x| < 1$ konvergiert.

Behauptung: $F(x)$ *ist in 1 regulär.*

Beweis: $\qquad \varphi(s) = f(e^{-s}) = \sum_{n=0}^{\infty} a_n\, e^{-ns}$

ist für $\Re(s) > 0$ und für $s = 0$ regulär. Bei passenden $p > 0$ und P ist also $\varphi(s)$ für $|s| \leq 2p$ regulär und hier

$$|\varphi(s)| \leq P.$$

Für $|s| < p$ ist also mit jedem ganzen $k \geq 0$

$$|\varphi^{(k)}(s)| \leq \frac{P}{p^k}\,k! \leq P\left(\frac{k}{p}\right)^k,$$

$$|c_k(-1)^k\,\varphi^{(k)}(s)| \leq P\,|c_k|\left(\frac{k}{p}\right)^k.$$

Nach Hilfssatz 3, 2) ist

$$\sum_{k=0}^{\infty} P\,|c_k|\left(\frac{k}{p}\right)^k$$

konvergent, also

$$\sum_{k=0}^{\infty} c_k(-1)^k\,\varphi^{(k)}(s)$$

für $|s| < p$ gleichmäßig konvergent, also in $s = 0$ regulär.

Nach Hilfssatz 3, 1) konvergiert

$$\sum_{n=0}^{\infty} |a_n x^n| \sum_{k=0}^{\infty} |c_k|\, n^k$$

für $|x| < 1$. Hier ist also

$$F(x) = \sum_{n=0}^{\infty} a_n x^n \sum_{k=0}^{\infty} c_k n^k = \sum_{k=0}^{\infty} c_k \sum_{n=0}^{\infty} n^k a_n x^n.$$

Für $\Re(s) > 0$ ist also

$$\Phi(s) = F(e^{-s})$$

regulär und

$$\Phi(s) = \sum_{k=0}^{\infty} c_k \sum_{n=0}^{\infty} n^k a_n e^{-ns} = \sum_{k=0}^{\infty} c_k (-1)^k \varphi^{(k)}(s).$$

Daher ist $\Phi(s)$ in $s = 0$ regulär, also $F(x)$ in $x = 1$.

Hilfssatz 5.

Voraussetzung:

$$r_m > 0,$$
$$\frac{1}{r_m} = o\left(\frac{1}{m}\right).$$

Behauptung: *Die ganze Funktion*

$$g(y) = \prod_{m=1}^{\infty} \left(1 - \frac{y^2}{r_m^2}\right)$$

erfüllt die Voraussetzung des Hilfssatzes 3.

Beweis: $\delta > 0$ sei gegeben. Man wähle ein ganzes $\mu = \mu(\delta) > 0$ mit

$$\frac{1}{r_m} < \frac{\delta}{2\pi m} \quad \text{für } m > \mu.$$

Dann ist für $|y| = R$

$$|g(y)| \leqq \prod_{m=1}^{\mu} \left(1 + \frac{R^2}{r_m^2}\right) \prod_{m=\mu+1}^{\infty} \left(1 + \frac{\delta^2 R^2}{4\pi^2 m^2}\right).$$

Hierin ist das Polynom

$$\prod_{m=1}^{\mu} \left(1 + \frac{R^2}{r_m^2}\right) = O\left(e^{\frac{\delta}{2} R}\right)$$

und

$$\prod_{m=\mu+1}^{\infty} \left(1 + \frac{\delta^2 R^2}{4\pi^2 m^2}\right) \leqq \prod_{m=1}^{\infty} \left(1 + \frac{\delta^2 R^2}{4\pi^2 m^2}\right) = \frac{\sin\frac{i\delta R}{2}}{\frac{i\delta R}{2}} = O\left(e^{\frac{\delta}{2} R}\right),$$

also, gleichmäßig in y,

$$g(y) = O(e^{\delta R}).$$

Satz 1.

Voraussetzung: *Es habe*

$$\sum_{n=0}^{\infty} a_n x^n$$

den Konvergenzradius 1. *Es gebe ein* ϑ *mit* $0 < \vartheta < 1$ *und zu jedem ganzen* $h > 0$ *ein ganzes* $p_h \geqq 0$ *und ein reelles* γ_h, *so daß die* p_h *wachsen und* $\Re\left(a_n e^{-\gamma_h i}\right)$ *für* $(1-\vartheta)p_h \leqq n \leqq (1+\vartheta)p_h$ *nur* $o(p_h)$ *Zeichenwechsel* (von $+$ zu $-$ oder $-$ zu $+$; Nullen werden weggelassen) *hat und*

$$\varlimsup_{h=\infty} \sqrt[p_h]{\left|\Re\left(a_{p_h} e^{-\gamma_h i}\right)\right|} \geqq 1$$

(also $= 1$).

Behauptung: 1 *ist singulärer Punkt.*

Beweis: Da man sukzessive eine solche Teilfolge auswählen kann, sei ohne Beschränkung der Allgemeinheit $p_1 > 0$ und für $h > 0$ erstens

$$p_{h+1} > \frac{1+\vartheta}{1-\vartheta} p_h,$$

so daß die Intervalle

$$(I_h) \qquad\qquad ((1-\vartheta)p_h \ldots (1+\vartheta)p_h)$$

getrennt liegen; zweitens

$$p_{h+1} > 2(1+\vartheta)p_h;$$

drittens

$$\prod_{\mu \geqq (1-\vartheta)p_{h+1}} \left(1 - \frac{p_h^2}{(\mu+\tfrac{1}{2})^2}\right) > \left(1 - \frac{1}{h}\right)^{p_h}.$$

Diejenigen Werte n mit $\Re\left(a_n e^{-\gamma_h i}\right) \neq 0$ in allen Intervallen I_h, auf die in dem betreffenden I_h ein Zeichenwechsel folgt, seien, der Größe nach geordnet und um je $\tfrac{1}{2}$ vermehrt, mit $r_1, r_2, \ldots$ bezeichnet. Es sei $g(y)$ die ganze Funktion

$$g(y) = \prod_{m=1}^{\infty} \left(1 - \frac{y^2}{r_m^2}\right)$$

bzw. das entsprechende endliche oder gar leere Produkt.

Die Anzahl der Zeichenwechsel von $\Re\left(a_n e^{-\gamma_h i}\right)$ in I_h heiße q_h. Falls es unendlich viele r_m gibt, werde $h = h(m)$ dadurch bestimmt, daß r_m in I_h liegt; dann ist

$$m \leqq q_1 + \cdots + q_h = o(p_1 + \cdots + p_h) = o\left(p_h \sum_{\mu=0}^{\infty} \frac{1}{2^\mu}\right) = o(p_h) = o(r_m),$$

also nach Hilfssatz 5 bei jedem $\delta > 0$ für $|y| = R \to \infty$ gleichmäßig

$$g(y) = O(e^{\delta R}).$$

Falls es nicht unendlich viele r_m gibt, ist dies trivial.

Es ist

$$|g(p_h)| = \Pi_1\left(\left(\frac{p_h}{r_m}\right)^2 - 1\right) \cdot \Pi_2\left|\left(\frac{p_h}{r_m}\right)^2 - 1\right| \cdot \Pi_3\left(1 - \left(\frac{p_h}{r_m}\right)^2\right),$$

wo sich Π_1 auf $I_1, \ldots, I_{h-1}$; Π_2 auf I_h; Π_3 auf $I_{h+1}, \ldots$ bezieht. In Π_1 ist

$$\left(\frac{p_h}{r_m}\right)^2 - 1 > \left(\frac{p_h}{(1+\vartheta)\,p_{h-1}}\right)^2 - 1 > 3;$$

also ist

$$\Pi_1 \geqq 1.$$

Ferner ist

$$\Pi_3 \geqq \prod_{\mu\,\geqq\,(1-\vartheta)\,p_{h+1}}\left(1 - \frac{p_h^2}{(\mu+\frac{1}{2})^2}\right) > \left(1 - \frac{1}{h}\right)^{p_h}.$$

Sind t_h bzw. u_h unter den q_h Zahlen r_m in I_h kleiner bzw. größer als p_h, so ist, da ihre sukzessiven Abstände von p_h bzw. $\geqq \frac{1}{2}, \frac{3}{2}, \ldots, t_h - \frac{1}{2}$ bzw. $u_h - \frac{1}{2}$ sind und für ganzes $w \geqq 0$

$$\prod_{\mu\,=\,1}^{w}(\mu - \tfrac{1}{2}) = \frac{1}{w+\frac{1}{2}}\prod_{\mu\,=\,1}^{w+1}(\mu - \tfrac{1}{2}) \geqq \frac{1}{w+\frac{1}{2}}\,\tfrac{1}{2}\,w! = \frac{w!}{2\,w+1}$$

ist,

$$\Pi_2 = \prod_{I_h}\frac{p_h + r_m}{r_m}\,\frac{|p_h - r_m|}{r_m} \geqq \prod_{I_h}\frac{|p_h - r_m|}{2\,p_h} \geqq \frac{t_h!\,u_h!}{(2t_h+1)(2u_h+1)(2p_h)^{q_h}}$$

$$\geqq \frac{t_h^{t_h}\,e^{-t_h}\,u_h^{u_h}\,e^{-u_h}}{e^{2t_h}\,e^{2u_h}\,2^{q_h}\,p_h^{t_h}\,p_h^{u_h}} = (2\,e^3)^{-q_h}\left(\frac{t_h}{p_h}\right)^{t_h}\left(\frac{u_h}{p_h}\right)^{u_h},$$

$$\sqrt[p_h]{\Pi_2} \geqq (2\,e^3)^{-\frac{q_h}{p_h}}\left(\frac{t_h}{p_h}\right)^{\frac{t_h}{p_h}}\left(\frac{u_h}{p_h}\right)^{\frac{u_h}{p_h}}.$$

Wegen $q_h = o(p_h)$ ist $t_h = o(p_h)$, $u_h = o(p_h)$, also

$$\varliminf_{h\,=\,\infty}\sqrt[p_h]{|g(p_h)|} \geqq \varliminf_{h\,=\,\infty}\sqrt[p_h]{\Pi_2} \geqq 1.$$

Die sicher für $|x| < 1$ konvergente Potenzreihe

$$F(x) = \sum_{n\,=\,0}^{\infty}a_n\,g(n)\,x^n$$

hat den Konvergenzradius 1; denn

$$\varlimsup_{n=\infty} \sqrt[n]{|a_n||g(n)|} \geqq \varlimsup_{h=\infty} \sqrt[p_h]{|a_{p_h}|} \varlimsup_{h=\infty} \sqrt[p_h]{|g(p_h)|}$$

$$\geqq \varlimsup_{h=\infty} \sqrt[p_h]{\left|\Re\left(a_{p_h} e^{-\gamma_h i}\right)\right|} \geqq 1.$$

Auf jedem I_h hat nach Konstruktion von $g(y)$ die Folge $g(n)\,\Re\left(a_n e^{-\gamma_h i}\right)$ keinen Zeichenwechsel. Daher ist

$$\left| \sum_{(1-\vartheta)p_h \leqq n \leqq (1+\vartheta)p_h} \frac{p_h!\,p_h!}{n!\,(2p_h-n)!}\, a_n\, g(n) \right|$$

$$\geqq \left| \sum_{(1-\vartheta)p_h \leqq n \leqq (1+\vartheta)p_h} \frac{p_h!\,p_h!}{n!\,(2p_h-n)!}\, g(n)\, \Re\left(a_n e^{-\gamma_h i}\right) \right|$$

$$\geqq \left| g(p_h)\, \Re\left(a_{p_h} e^{-\gamma_h i}\right)\right|,$$

$$\varlimsup_{\lambda=\infty} \sqrt[\lambda]{\left| \sum_{(1-\vartheta)\lambda \leqq n \leqq (1+\vartheta)\lambda} \frac{\lambda!\,\lambda!}{n!\,(2\lambda-n)!}\, a_n\, g(n) \right|}$$

$$\geqq \varlimsup_{h=\infty} \sqrt[p_h]{|g(p_h)|} \; \varlimsup_{h=\infty} \sqrt[p_h]{\left|\Re\left(a_{p_h} e^{-\gamma_h i}\right)\right|} \geqq 1.$$

Nach Hilfssatz 2 ist also 1 singuläre Stelle von $F(x)$, also nach Hilfssatz 4 von $f(x)$.

Satz 2.

Voraussetzung: *Es wachse das ganze* $p_h \geqq 0$ $(h = 1, 2, \ldots)$, *und es sei*

$$h = o(p_h).$$

Es habe

$$\sum_{h=1}^{\infty} a_{p_h} x^{p_h}$$

den Konvergenzradius 1.

Behauptung: *Die Funktion ist in 1 singulär.*

Vorbemerkungen: 1) Bezeichnet $N(t)$ die Anzahl der $p_h \leqq t$, so ist die Annahme $h = o(p_h)$ mit $N(t) = o(t)$ identisch. Denn aus $h = o(p_h)$ folgt $N(t) = o(p_{N(t)}) = o(t)$, und aus $N(t) = o(t)$ folgt $h = N(p_h) = o(p_h)$.

2) Ist $p_{h+1} - p_h \to \infty$ $\left(\text{z. B. } \varlimsup\limits_{h=\infty} \dfrac{p_{h+1}}{p_h} > 1\right)$, so ist sicher die Annahme $h = o(p_h)$ erfüllt; denn für jedes $\omega > 0$ ist bei passendem ganzem $\mu = \mu(\omega)$

$$p_{h+1} - p_h > 2\,\omega \quad \text{für } h \geqq \mu,$$

also für $h > 2\mu$

$$\frac{p_h}{h} \geqq \frac{p_h - p_\mu}{h} > \frac{2(h-\mu)\,\omega}{h} = 2\,\omega - \frac{2\,\mu\,\omega}{h} > \omega.$$

Beweis: Satz 1 ist mit den gegebenen p_h und $\vartheta = \frac{1}{2}$ anwendbar, wenn das reelle γ_h so bestimmt wird, daß

$$a_{p_h}\, e^{-\gamma_h i} = |a_{p_h}|$$

ist. Auf $\dfrac{p_h}{2} \leqq n \leqq \dfrac{3}{2}\, p_h$ gibt es nämlich höchstens $N\!\left(\dfrac{3}{2}\, p_h\right) = o\,(p_h)$ Zahlen p_μ, also nur $o\,(p_h)$ Werte n, denen ein Koeffizient $a_n \neq 0$ von x^n entspricht. Daher hat $\Re\left(a_n\, e^{-\gamma_h i}\right)$ dort nur $o\,(p_h)$ Zeichenwechsel; außerdem ist

$$\varlimsup_{h=\infty} \sqrt[p_h]{\left|\Re\left(a_{p_h}\, e^{-\gamma_h i}\right)\right|} = \varlimsup_{h=\infty} \sqrt[p_h]{|a_{p_h}|} = 1.$$

Satz 3.

Voraussetzung: *Es habe*

$$f(x) = \sum_{n=0}^{\infty} a_n\, x^n$$

den Konvergenzradius 1.
Es sei

$$a_n = |a_n|\, e^{\varphi_n i}, \quad \varphi_n \gtreqless 0.$$

Es gebe ein ϑ mit $0 < \vartheta < 1$ und wachsende ganze $p_h \geqq 0$ ($h = 1, 2, \ldots$) von folgender Eigenschaft: Läuft n durch die wachsend geordneten ganzzahligen Werte, für die mit passendem h

$$(1 - \vartheta)\, p_h \leqq n, \quad n + 1 \leqq (1 + \vartheta)\, p_h$$

ist, so ist

$$\varphi_{n+1} - \varphi_n \to 0.$$

Es sei

$$\varlimsup_{h=\infty} \sqrt[p_h]{|a_{p_h}|} = 1.$$

Behauptung: *1 ist singuläre Stelle von $f(x)$.*

Vorbemerkungen: 1) Hierin steckt ($\vartheta = \frac{1}{2}$, $p_h = h$) insbesondere der Satz: *Es habe*

$$f(x) = \sum_{n=0}^{\infty} a_n\, x^n$$

den Konvergenzradius 1; *es sei*

$$a_n = |a_n|\, e^{\varphi_n i}, \quad \varphi_n \gtreqless 0,$$
$$\varphi_{n+1} - \varphi_n \to 0.$$

Dann ist 1 *singuläre Stelle von* $f(x)$.

2) Im Spezialfall 1) steckt insbesondere der Satz: *Es sei*

$$\frac{a_{n+1}}{a_n} \to 1$$

(so daß

$$f(x) = \sum_{n=0}^{\infty} a_n x^n$$

den Konvergenzradius 1 hat und die φ_n mit

$$a_n = |a_n|\, e^{\varphi_n i}, \quad \varphi_n \gtreqless 0,$$
$$\varphi_{n+1} - \varphi_n \to 0$$

wählbar sind). *Dann ist* 1 *singuläre Stelle von* $f(x)$.

Beweis: Es genügt, zu ϑ und den p_h für große h reelle γ_h anzugeben, so daß die Voraussetzungen des Satzes 1 erfüllt sind.

Man wähle zu jedem hinreichend großen h ein ganzes $\mu = \mu(h)$ mit

$$\mathop{\mathrm{Max.}}_{(1-\vartheta)\,p_h \leqq n \leqq (1+\vartheta)\,p_h - 1} |\varphi_{n+1} - \varphi_n| \leqq \frac{1}{\mu},$$
$$\mu \to \infty \text{ bei } h \to \infty.$$

Man teile die Peripherie des Einheitskreises in 4μ gleiche Teile, so daß kein $e^{\varphi_n i}$ für die n aus

$$(I_h) \qquad\qquad ((1-\vartheta)\,p_h \ldots (1+.\vartheta)\,p_h)$$

Teilpunkt wird. Die Länge jedes Teilbogens ist $\dfrac{2\pi}{4\mu} > \dfrac{1}{\mu}$. Jeder

der höchstens $2\vartheta p_h$ Bogen $\left(e^{\varphi_n i} \ldots e^{\varphi_{n+1} i}\right)$ mit

$$(1-\vartheta)\,p_h \leqq n \leqq (1+\vartheta)\,p_h - 1$$

(wobei der kleinere Bogen, der $\leqq 1 < \pi$ ist, gemeint ist) enthält also (und zwar innen) höchstens einen Teilpunkt. Unter den μ Quadrupeln von Teilpunkten, die ein Quadrat $\varepsilon,\ i\varepsilon,\ -\varepsilon,\ -i\varepsilon$ bilden, wähle man eines, dessen vier Punkte zusammen zu weniger als $2\,\dfrac{p_h}{\mu}$ jener Bogen gehören; das geht wegen $\mu \cdot 2\,\dfrac{p_h}{\mu} > 2\vartheta p_h$. Aus

diesem Quadrupel kann man eine Zahl $e^{\gamma_h i}$ mit

$$\left|\varphi_{p_h} - \gamma_h\right| \leqq \frac{\pi}{4}$$

wählen. Dann ist

$$\Re\left(a_{p_h}\, e^{-\gamma_h i}\right) = \left|a_{p_h}\right|\cos\left(\varphi_{p_h} - \gamma_h\right) \geqq \frac{\left|a_{p_h}\right|}{\sqrt{2}},$$

$$\varlimsup_{h=\infty} \sqrt[p_h]{\left|\Re\left(a_{p_h}\, e^{-\gamma_h i}\right)\right|} \geqq \varlimsup_{h=\infty} \sqrt[p_h]{\left|a_{p_h}\right|} = 1.$$

Auf I_h hat

$$\Re\left(a_n\, e^{-\gamma_h i}\right) = \left|a_n\right|\cos\left(\varphi_n - \gamma_h\right)$$

nicht mehr Zeichenwechsel als die (sämtlich von 0 verschiedenen) Zahlen $\cos(\varphi_n - \gamma_h)$, also weniger als $2\,\dfrac{p_h}{\mu} = o\,(p_h)$ Zeichenwechsel; denn bei jedem Zeichenwechsel von $\cos(\varphi_n - \gamma_h)$, etwa beim Übergang von $n = m$ zu $n = m+1$, enthält der Bogen $\left(e^{\varphi_m i}\ldots e^{\varphi_{m+1} i}\right)$ einen Punkt unseres Quadrupels.

Nach Satz 1 ist also 1 singuläre Stelle von $f(x)$.

§ 20.
Satz von Pólya.

Es habe

$$f(x) = a_0 + a_1 x + \cdots + a_n x^n + \cdots$$

den Konvergenzradius 1. *Dann gibt es eine Folge*

$$\varepsilon_0,\ \varepsilon_1,\ \ldots,\ \varepsilon_n,\ \ldots,$$

wo jedes $\varepsilon_n = \pm 1$ *ist, derart, daß die Reihe*

$$\varepsilon_0 a_0 + \varepsilon_1 a_1 x + \cdots + \varepsilon_n a_n x^n + \cdots$$

nicht über den Einheitskreis fortsetzbar ist.

Beweis: Nach dem Spezialfall $p_{h+1} > 2 p_h$ des Satzes 2 aus § 19 ist jede Reihe

$$Q(x) = b_{p_1} x^{p_1} + \cdots + b_{p_h} x^{p_h} + \cdots$$

mit dem Konvergenzradius 1, bei der stets $p_{h+1} > 2 p_h$ ist, nicht fortsetzbar.

Aus $f(x)$ kann ich wegen

$$\varlimsup_{n=\infty} \sqrt[n]{\left|a_n\right|} = 1$$

solche Glieder $a_{n_h} x^{n_h}$ $(h = 1, 2, \ldots)$ herausgreifen, daß

$$\lim_{h=\infty} \sqrt[n_h]{|a_{n_h}|} = 1, \quad n_{h+1} > 2 n_h$$

ist. Es werde

$$R(x) = a_{n_1} x^{n_1} + \cdots + a_{n_h} x^{n_h} + \cdots$$

und

$$f(x) - R(x) = f_0(x)$$

gesetzt. (Sollte $f_0(x)$ identisch 0 sein, so ist die Behauptung trivial; die ε_n dürften dann sogar beliebig ± 1 sein.)

$R(x)$ werde irgendwie in unendlich viele Potenzreihen mit je unendlich vielen Gliedern gespalten:

$$R(x) = f_1(x) + f_2(x) + \cdots + f_\nu(x) + \cdots.$$

(Jedes Glied $a_{n_h} x^{n_h}$ gehört also genau einem $f_\nu(x)$ mit $\nu \geq 1$ an, jedes Glied $a_n x^n$ genau einem $f_\nu(x)$ mit $\nu \geq 0$.)

Jetzt betrachte ich sämtliche Potenzreihen

$$F(x) = f_0(x) + \delta_1 f_1(x) + \cdots + \delta_\nu f_\nu(x) + \cdots, \qquad \delta_\nu = \pm 1,$$

jede nach wachsenden Potenzen geordnet gedacht. Jedes $F(x)$ ist eine Potenzreihe der Gestalt

$$\varepsilon_0 a_0 + \cdots + \varepsilon_n a_n x^n + \cdots, \qquad \varepsilon_n = \pm 1.$$

Ich behaupte, daß mindestens eines jener $F(x)$ nicht fortsetzbar ist. Anderenfalls — da die $F(x)$ die Mächtigkeit des Kontinuums haben und jede irgendwo über den Einheitskreis fortsetzbare Funktion in einer Einheitswurzel regulär ist, es aber nur abzählbar viele Einheitswurzeln gibt — gäbe es zwei $F(x)$, die in einem und demselben Randpunkte ξ regulär wären. Ihre Differenz wäre also auch in ξ regulär. Sie hat aber die Gestalt

$$\eta_1 f_1(x) + \cdots + \eta_\nu f_\nu(x) + \cdots,$$

wo alle $\eta_\nu = 0, +2, -2$, aber nicht alle $= 0$ sind. Dies ist aber eine Potenzreihe vom oben genannten Typus $Q(x)$, da jeder folgende Exponent größer als das Doppelte des vorangehenden ist und die Reihe (wegen $\lim\limits_{h=\infty} \sqrt[n_h]{|a_{n_h}|} = 1$) den Konvergenzradius 1 hat. Diese Funktion wäre also doch in ξ singulär.

Sechstes Kapitel.

Maximum und Mittelwert des absoluten Betrages einer analytischen Funktion auf Kreisen.

§ 21.
Hadamardscher Dreikreisesatz.

Voraussetzung: *Es sei $0 < r_1 < r_2 < r_3$. Es sei $f(x)$ für $r_1 \leq |x| \leq r_3$ eindeutig und regulär. Es bezeichnen M_1, M_2, M_3 die Maxima von $|f(x)|$ auf den Kreisen $|x| = r_1$, r_2, r_3.*

Behauptung:
$$M_2^{\log \frac{r_3}{r_1}} \leq M_1^{\log \frac{r_3}{r_2}} M_3^{\log \frac{r_2}{r_1}}$$

Vorbemerkung: Die Behauptung läßt sich auch so schreiben:

$$\begin{vmatrix} \log M_1 & \log r_1 & 1 \\ \log M_2 & \log r_2 & 1 \\ \log M_3 & \log r_3 & 1 \end{vmatrix} \leq 0$$

und besagt: Bei jeder in einem Ring $\varrho < r < \mathsf{P}$ eindeutig-regulären, nicht identisch verschwindenden Funktion ist $\log M(r) = \log \underset{|x| = r}{\text{Max.}} |f(x)|$ für $\varrho < r < \mathsf{P}$ eine konvexe[1]) Funktion von $\log r$.

---

1) Hierbei heißt eine im Intervall $\tau < t < \tau_1$ definierte reelle Funktion $g(t)$ konvex, wenn für zwei beliebige Punkte t_1, t_3 des Intervalls mit $t_1 < t_3$ allen dazwischenliegenden t ein $g(t)$ entspricht, welches nicht oberhalb der Sehne von $(t_1, g(t_1))$ zu $(t_3, g(t_3))$ liegt. D. h. für $\tau < t_1 < t_2 < t_3 < \tau_1$ soll sein:

$$g(t_2) \leq g(t_1) + \frac{t_2 - t_1}{t_3 - t_1} (g(t_3) - g(t_1)),$$

$$(t_2 - t_3) g(t_1) + (t_3 - t_1) g(t_2) + (t_1 - t_2) g(t_3) \leq 0,$$

$$\begin{vmatrix} g(t_1) & t_1 & 1 \\ g(t_2) & t_2 & 1 \\ g(t_3) & t_3 & 1 \end{vmatrix} \leq 0.$$

Hinreichend für Konvexität ist bekanntlich $g''(t) \geq 0$; doch wird dies Kriterium im obigen Text nicht brauchbar sein.

Für ganzes $f(x)$ ist dies also bei allen $r > 0$ gültig; für Potenzreihen, die im Kreis $|x| < P$ konvergieren, bei allen positiven $r < P$.

Beweis: $f(x)$ darf als nicht identisch 0 angenommen werden, so daß M_1, M_2, $M_3 > 0$ sind.

Es sei α irgend eine reelle Zahl. $x^\alpha f(x)$ ist für $r_1 \leq |x| \leq r_3$ regulär, aber nicht notwendig eindeutig; $|x^\alpha f(x)|$ ist dort eindeutig und stetig. Auf $|x| = r_1$ ist

$$|x^\alpha f(x)| \leq r_1^\alpha M_1,$$

auf $|x| = r_3$

$$|x^\alpha f(x)| \leq r_3^\alpha M_3.$$

Auf dem Rande des Ringes $r_1 \leq |x| \leq r_3$ ist daher

$$|x^\alpha f(x)| \leq \mathrm{Max.}\ (r_1^\alpha M_1,\ r_3^\alpha M_3).$$

Dies muß auch im Innern des Ringes gelten (weil jeder Zweig von $x^\alpha f(x)$ an jeder Stelle des Ringes regulär ist). Also, wenn es auf $|x| = r_2$ angewendet wird,

$$r_2^\alpha M_2 \leq \mathrm{Max.}\ (r_1^\alpha M_1,\ r_3^\alpha M_3),$$

$$M_2 \leq \mathrm{Max.}\left(\left(\frac{r_1}{r_2}\right)^\alpha M_1,\ \left(\frac{r_3}{r_2}\right)^\alpha M_3\right).$$

Hierin setze ich speziell

$$\alpha = \log\frac{M_3}{M_1} : \log\frac{r_1}{r_3};$$

dann ergibt sich, da beide Zahlen hinter Max. gleich werden,

$$M_2 \leq M_1\left(\frac{r_1}{r_2}\right)^{\log\frac{M_3}{M_1} : \log\frac{r_1}{r_3}} = M_1\left(\frac{M_3}{M_1}\right)^{\log\frac{r_2}{r_1} : \log\frac{r_3}{r_1}}$$

$$= M_1^{\log\frac{r_3}{r_2} : \log\frac{r_3}{r_1}}\ M_3^{\log\frac{r_2}{r_1} : \log\frac{r_3}{r_1}}$$

Zusatz: $x = y - x_0$ transformiert den Satz in den entsprechenden Wortlaut für drei Kreise mit dem Mittelpunkt x_0.

§ 22.

Satz von Jentzsch.

Ein älterer Hurwitzscher Satz.

Voraussetzung: *Eine nicht konstante Potenzreihe*

$$f(x) = \sum_{n=0}^{\infty} a_n x^n$$

konvergiere überall oder habe einen endlichen positiven Konvergenzradius.

Behauptung: *Die Menge der Nullstellen von $f(x)$ im Innern des Konvergenzgebietes ist identisch mit den diesem Innern angehörigen Punkten der Menge $\mathfrak{Q}$ der Häufungspunkte der Nullstellen[1]) der Abschnitte*

$$f_n(x) = \sum_{\nu=0}^{n} a_\nu x^\nu,$$

wenn hierbei jede Nullstelle so oft gezählt wird, als sie auftritt (also eventuell unendlich oft).

Vorbemerkung: $\mathfrak{Q}$ ist so erklärt, daß ein Punkt dann und nur dann dazu gehört, wenn es zu jeder Umgebung unendlich viele n gibt, so daß $f_n(x)$ dort eine Nullstelle hat.

Erster Beweis: 1) Es sei

$$f(\xi) = 0$$

und überdies im Falle eines endlichen Radius r der Punkt ξ dem Kreise $|x| < r$ angehörig. Es sei $\delta > 0$ gegeben und gleich so klein angenommen, daß der Kreis $|x - \xi| \leqq \delta$ (Kreis K) erstens im Innern des Konvergenzgebietes liegt und zweitens einschließlich seines Randes keine weitere Nullstelle von $f(x)$ als den Mittelpunkt ξ enthält. Dann ist auf dem Rande von K

$$|f(x)| > \varepsilon$$

---

1) Es sind alle $f_n(x)$ von einem $n_0 > 0$ an (wo zuerst $a_{n_0} \neq 0$ ist) nicht konstant, haben also eine Wurzel. Es ist für $\mathfrak{Q}$ unerheblich, ob eine $k$fache Nullstelle eines $f_n(x)$ einmal oder $k$mal gezählt wird.

bei passender Wahl eines $\varepsilon = \varepsilon(\delta) > 0$. Wegen der gleichmäßigen Konvergenz der Potenzreihe auf der Kreisfläche K ist bei passender Wahl eines $\nu = \nu(\delta)$ für $n > \nu$ und die Fläche K

$$|f_n(x) - f(x)| < \frac{\varepsilon}{2},$$

also auf dem Rande von K

$$|f_n(x)| > \frac{\varepsilon}{2},$$

im Mittelpunkt ξ von K

$$|f_n(x)| < \frac{\varepsilon}{2}.$$

$f_n(x)$ hat also in K eine Wurzel. Da dies für jedes hinreichend kleine $\delta > 0$ gilt, ist ξ ein Punkt von $\mathfrak{Q}$.

2) Es sei ξ im Innern des Konvergenzgebietes gelegen und

$$f(\xi) \neq 0.$$

Dann ist ein Kreis K um ξ mit dem Radius δ so wählbar, daß er im Innern des Konvergenzgebietes liegt und überhaupt keine Nullstelle von $f(x)$ enthält. Auf der Kreisfläche K ist also

$$|f(x)| > \varepsilon > 0.$$

Wegen der gleichmäßigen Konvergenz auf K ist dort bei passender Wahl von ν für $n > \nu$

$$|f_n(x) - f(x)| < \varepsilon,$$

also

$$f_n(x) \neq 0.$$

ξ ist also kein Punkt von $\mathfrak{Q}$.

Zweiter Beweis: Es sei ξ ein Punkt im Innern des Konvergenzgebietes und δ_0 so gewählt, daß der Kreis $|x - \xi| \leqq \delta_0$ dem Innern des Konvergenzgebietes angehört und abgesehen von der etwaigen Nullstelle ξ keine Wurzel von $f(x)$ enthält. Für jedes δ der Strecke $0 < \delta \leqq \delta_0$ ist alsdann bei Integration über die Kreisperipherie K um ξ mit dem Radius δ der Ausdruck

$$\frac{1}{2\pi i} \int_K \frac{f'(x)}{f(x)}\, dx$$

gleich der Vielfachheit V der Nullstelle ξ (also eine ganze Zahl $\geqq 0$). Da nun $f_n(x)$ längs K gleichmäßig gegen $f(x)$ strebt (und infolgedessen für hinreichend großes $n > n_0 = n_0(\delta)$ längs K absolut oberhalb einer von x und n freien positiven Schranke liegt) und da $f_n'(x)$ längs K gleichmäßig gegen $f'(x)$ konvergiert, so konvergiert $\dfrac{f_n'(x)}{f_n(x)}$ längs K gleichmäßig gegen $\dfrac{f'(x)}{f(x)}$. Die Wurzelzahl

$$\frac{1}{2\pi i} \int_K \frac{f_n'(x)}{f_n(x)}\, dx$$

von $f_n(x)$ innerhalb K strebt also für $n \to \infty$ gegen V, ist also $= V$ für alle $n > n_1 = n_1(\delta)$. Wenn also $V = 0$ ist, so gibt es um ξ einen Kreis, in dem für $n > n_1$ kein $f_n(x)$ verschwindet; wenn $V > 0$ ist, so haben in jedem hinreichend kleinen Kreise um ξ unendlich viele $f_n(x)$ (sogar alle von einer Stelle an) V Wurzeln (mehrfache immer mehrfach gezählt), so daß ξ zu $\mathfrak{Q}$ gehört.

Satz von Jentzsch.

Voraussetzung: *Es habe*

$$y = f(x) = \sum_{n=0}^{\infty} a_n x^n$$

den Konvergenzradius 1.

Behauptung: $x = 1$ *ist Punkt von* $\mathfrak{Q}$.

Vorbemerkung: Daraus folgt natürlich ($x = \varepsilon x_0$), daß bei jeder Potenzreihe mit endlichem Konvergenzradius jeder Punkt des Randes zu $\mathfrak{Q}$ gehört.

Beweis: Anderenfalls gäbe es ein ε der Strecke $0 < \varepsilon < 1$ und ein n_0, so daß für $n > n_0$ im Kreise $|x - 1| \leqq \varepsilon$ die Funktion

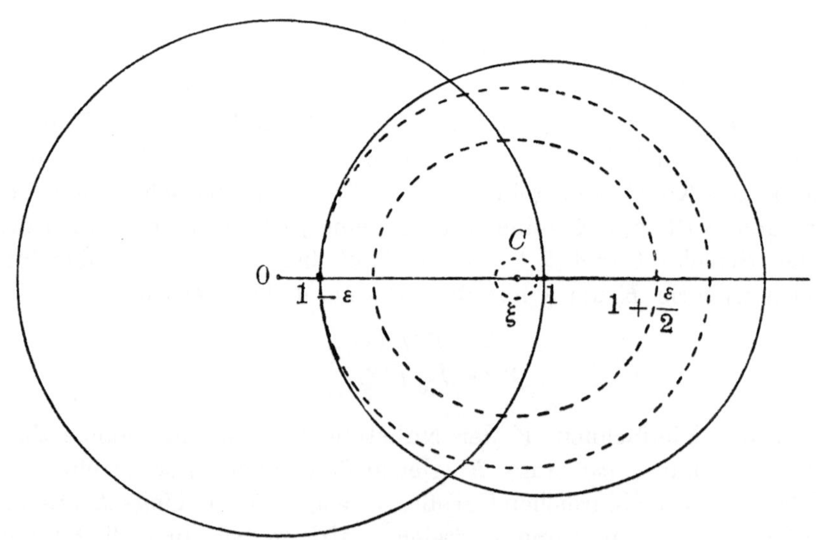

$f_n(x)$ nicht verschwindet. Ich setze $\xi = 1 - \dfrac{\varepsilon}{8}$. Nach dem Hurwitzschen Satz ist eo ipso $f(\xi) \neq 0$.

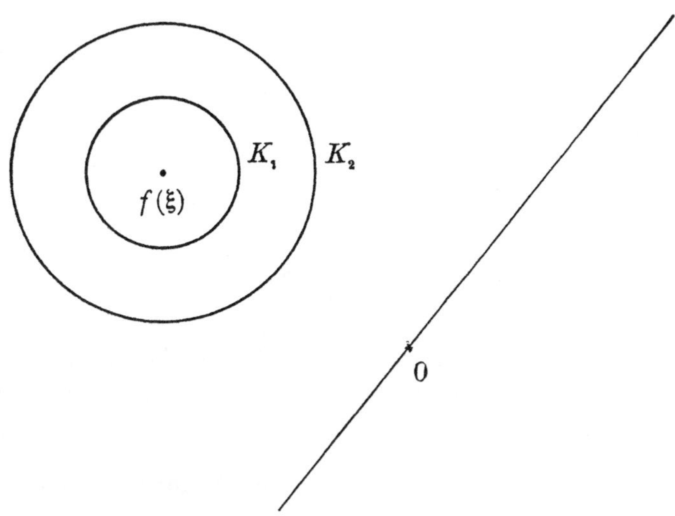

In der y-Ebene ziehe ich um $y = f(\xi)$ die zwei Kreise K_1, K_2 mit den Radien $\dfrac{|f(\xi)|}{4}$, $\dfrac{|f(\xi)|}{2}$. Beide Kreise gehören einer Halbebene in Bezug auf die senkrecht zu $0 \ldots f(\xi)$ durch 0 gezogene Gerade an. Diese Halbebene kann mit

$$\alpha < \text{arc } y < \alpha + \pi$$

bezeichnet werden. Um ξ ziehe ich einen Kreis C mit so kleinem Radius ϱ, daß erstens $\varrho < \dfrac{\varepsilon}{8}$ ist (also C dem Innern des Einheitskreises und des Kreises $|x - 1| \leqq \varepsilon$ angehört) und daß zweitens $f(x)$ im Kreise K_1 liegt, wenn x in C liegt. Wegen der gleichmäßigen Konvergenz von $f_n(x)$ in C gibt es ein $n_1 > n_0$, so daß $f_n(x)$ für C und alle $n > n_1$ in K_2 liegt. In C kann also gesetzt werden

$$f(x) = e^{g(x)},$$
$$f_n(x) = e^{g_n(x)} \qquad (n > n_1),$$

wo $g(x)$, $g_n(x)$ regulär sind und

$$\alpha < \Im g(x) < \alpha + \pi, \quad \alpha < \Im g_n(x) < \alpha + \pi$$

ist. $g_n(x)$ ist sogar für $|x - 1| \leqq \varepsilon$ regulär. In C ist gleichmäßig

$$\lim_{n = \infty} f_n(x) = f(x),$$

also (wegen der obigen Ungleichungen für die imaginären Teile) gleichmäßig

$$\lim_{n=\infty} g_n(x) = g(x),$$

folglich (wegen der Beschränktheit von $g(x)$ in C) gleichmäßig

$$\lim_{n=\infty} \frac{1}{n} g_n(x) = 0.$$

Ich setze nun für $|x-1| \leqq \varepsilon$, $n > n_1$

$$e^{\frac{1}{n} g_n(x)} - 1 = h_n(x).$$

(Das ist ein dort regulärer Zweig von $\sqrt[n]{f_n(x)} - 1$.) Und ich wende den Hadamardschen Dreikreisesatz auf die Funktion $h_n(x)$ und die (in der Figur punktierten) Kreise mit dem Mittelpunkt ξ und den Radien ϱ, $\frac{5}{8}\varepsilon$, $\frac{7}{8}\varepsilon$ an. Auf dem zweiten Kreis liegt der Punkt $1+\frac{\varepsilon}{2}$; der dritte gehört auch noch ganz der Kreisfläche $|x-1| \leqq \varepsilon$ an. Wenn $M_1^{(n)}$ und $M_3^{(n)}$ die Maxima von $|h_n(x)|$ für $|x-\xi| = \varrho$ und $|x-\xi| = \frac{7}{8}\varepsilon$ bezeichnen, ist nach der Hadamardschen Ungleichung

$$\left| h_n\left(1+\frac{\varepsilon}{2}\right) \right| \leqq (M_1^{(n)})^{1-\vartheta} (M_3^{(n)})^{\vartheta},$$

wo $0 < \vartheta < 1$ und ϑ von n frei ist (nämlich nur von ϱ und ε abhängt). Nun ist wegen

$$\overline{\lim_{m=\infty}} \sqrt[m]{|a_m|} = 1$$

für alle $m > 0$

$$|a_m| < A^m,$$

wo $A > 1$ von m frei ist, also für $n > 0$, $|x-1| \leqq \varepsilon$

$$|f_n(x)| \leqq |a_0| + |a_1|(1+\varepsilon) + \cdots + |a_n|(1+\varepsilon)^n \leqq |a_0| + n A^n (1+\varepsilon)^n < A_1^n,$$

wo $A_1 > 0$ nicht von x und n abhängt. Für $n > n_1$ ist also auf der Kreisfläche $|x-1| \leqq \varepsilon$

$$|h_n(x)| \leqq \sqrt[n]{|f_n(x)|} + 1 < A_1 + 1,$$

folglich

$$(M_3^{(n)})^\vartheta < (A_1 + 1)^\vartheta < A_1 + 1.$$

Andererseits ist für $|x-\xi| = \varrho$ nach dem obigen gleichmäßig

$$\lim_{n=\infty} h_n(x) = 0,$$

also

$$\lim_{n=\infty} M_1^{(n)} = 0,$$

$$\lim_{n=\infty} (M_1^{(n)})^{1-\vartheta} = 0.$$

Die Hadamardsche Ungleichung liefert also

$$\lim_{n=\infty} h_n\left(1+\frac{\varepsilon}{2}\right) = 0,$$

$$\lim_{n=\infty} e^{\frac{1}{n} g_n\left(1+\frac{\varepsilon}{2}\right)} = 1,$$

$$\lim_{n=\infty} \left| e^{\frac{1}{n} g_n\left(1+\frac{\varepsilon}{2}\right)} \right| = \lim_{n=\infty} \sqrt[n]{\left| f_n\left(1+\frac{\varepsilon}{2}\right) \right|} = 1.$$

Für $n \geqq n_2$ ist also

$$\left| f_n\left(1+\frac{\varepsilon}{2}\right) \right| < \left(1+\frac{\varepsilon}{4}\right)^n,$$

folglich für $n > n_2$

$$\left| f_{n-1}\left(1+\frac{\varepsilon}{2}\right) \right| < \left(1+\frac{\varepsilon}{4}\right)^{n-1} < \left(1+\frac{\varepsilon}{4}\right)^n,$$

$$\left| a_n\left(1+\frac{\varepsilon}{2}\right)^n \right| = \left| f_n\left(1+\frac{\varepsilon}{2}\right) - f_{n-1}\left(1+\frac{\varepsilon}{2}\right) \right| < 2\left(1+\frac{\varepsilon}{4}\right)^n,$$

$$\overline{\lim_{n=\infty}} \sqrt[n]{|a_n|} \leqq \frac{1+\frac{\varepsilon}{4}}{1+\frac{\varepsilon}{2}} < 1,$$

entgegen der Annahme, daß $f(x)$ den Konvergenzradius 1 hat.

§ 23.

Hardyscher Mittelwertsatz.

Es sei eine nicht konstante Funktion

$$f(x) = \sum_{n=0}^{\infty} a_n x^n$$

für $|x| < R$ regulär. Dann wächst

$$M(r) = \operatorname*{Max.}_{|x|=r} |f(x)| \qquad (0 \leqq r < R)$$

bekanntlich mit r, und $\log M(r)$ ist (nach dem Hadamardschen Dreikreisesatz) für $0 < r < R$ eine konvexe Funktion von $\log r$.

Beide Eigenschaften kommen auch dem Mittelwert

$$H(r) = \frac{1}{2\pi} \int_0^{2\pi} \left| f\left(r\, e^{\varphi i}\right) \right|^2 d\varphi$$

von $|f(x)|^2$ für $|x| = r$ zu, wie aus der Identität

$$H(r) = \sum_{n=0}^{\infty} |a_n|^2\, r^{2n}$$

hervorgeht. Die rechte Seite wächst ja offenbar mit r, und sie ist die M-Funktion, bezögen auf

$$F(x) = \sum_{n=0}^{\infty} |a_n|^2\, x^{2n},$$

so daß $\log H(r)$ für $0 < r < R$ eine konvexe Funktion von $\log r$ ist.

Hardy hat nun bewiesen, daß beide Eigenschaften von $M(r)$ und $H(r)$ auch dem Mittelwert des absoluten Betrages von $f(x)$ selbst zukommen, oder, was dasselbe besagt, seinem 2π fachen

$$I(r) = \int_0^{2\pi} \left| f\left(r\, e^{\varphi i}\right) \right| d\varphi.$$

Also lautet die

Behauptung: *$I(r)$ wächst mit r für $0 \leqq r < R$, und $\log I(r)$ ist eine konvexe Funktion von $\log r$ für $0 < r < R$.*

Vorbemerkung: Bei einer ganzen Funktion $f(x)$ gilt dies also für alle $r \geqq 0$ bzw. für alle $r > 0$.

Beweis: Ich zeige zunächst $I(0) < I(r_2)$ für $0 < r_2 < R$. Da $f(x)$ nicht konstant ist, ist es für $|x| = r_2$ auf keinem Halbstrahl von 0 nach ∞ gelegen, also

$$I(0) = 2\pi\, |f(0)| = \left| \int_0^{2\pi} f\left(r_2\, e^{\varphi i}\right) d\varphi \right| < \int_0^{2\pi} \left| f\left(r_2\, e^{\varphi i}\right) \right| d\varphi = I(r_2).$$

Es bezeichne $F(x)$ die für $|x| < R$ reguläre Funktion

$$\int_0^{2\pi} f\left(x\, e^{\varphi i}\right) \frac{\left| f\left(r_2\, e^{\varphi i}\right) \right|}{f\left(r_2\, e^{\varphi i}\right)} d\varphi.$$

Dann ist für $|x| = \varrho < R$

$$|F(x)| \leqq \int_0^{2\pi} \left| f\left(x\, e^{\varphi i}\right) \right| d\varphi = I(\varrho).$$

1) Wegen
$$|F(0)| \leqq I(0) < I(r_2) = F(r_2)$$
ist also $F(x)$ nicht konstant.   Für $0 < r_2 < r_3 < R$ ist daher
$$I(r_2) = F(r_2) < \mathop{\text{Max.}}_{|x|=r_3} |F(x)| \leqq I(r_3).$$

2) Für $0 < r_1 < r_2 < r_3 < R$ ist nach dem Hadamardschen Dreikreisesatz
$$(I(r_2))^{\log\frac{r_3}{r_1}} = (F(r_2))^{\log\frac{r_3}{r_1}} \leqq \left(\mathop{\text{Max.}}_{|x|=r_1} |F(x)|\right)^{\log\frac{r_3}{r_2}} \left(\mathop{\text{Max.}}_{|x|=r_3} |F(x)|\right)^{\log\frac{r_2}{r_1}}$$
$$\leqq (I(r_1))^{\log\frac{r_3}{r_2}} (I(r_3))^{\log\frac{r_2}{r_1}}.$$

Siebentes Kapitel.

Der Picardsche Ideenkreis.

§ 24.

Der Blochsche Satz.

Hilfssatz.

Voraussetzung: *Es sei $R > 0$, $f(x)$ für $|x| \leqq R$ regulär,*

$$f(0) = 0,$$

$$|f'(0)| \geqq a > 0,$$

$$|f'(x)| \leqq M \text{ für } |x| \leqq R.$$

Es sei

$$f(x) \neq \gamma \text{ für } |x| < R.$$

Behauptung: $\qquad |\gamma| \geqq \dfrac{a^2 R}{4 M}.$

Vorbemerkung: In $|x| < R$ wird also die ganze Kreisfläche

$$|\gamma| < \frac{a^2 R}{4 M}$$

angenommen.

Beweis: Zunächst folgt

$$|f(x)| \leqq R M \text{ für } |x| \leqq R.$$

Da $\gamma \neq 0$ und $1 - \dfrac{f(x)}{\gamma}$ für $|x| < R$ regulär ist und nicht verschwindet, gibt es eine für $|x| < R$ reguläre Funktion

$$h(x) = 1 - \frac{f'(0)}{2 \gamma} x + \cdots$$

mit

$$h^2(x) = 1 - \frac{f(x)}{\gamma} = 1 - \frac{f'(0)}{\gamma} x + \cdots.$$

Für $|x| < R$ ist

$$|h^2(x)| \leqq 1 + \frac{RM}{|\gamma|}.$$

Daher ist

$$1 + \frac{a^2}{4|\gamma|^2}\, R^2 \leqq 1 + \frac{|f'(0)|^2}{4|\gamma|^2}\, R^2 \leqq 1 + \frac{RM}{|\gamma|},$$

$$|\gamma| \geqq \frac{a^2 R}{4 M}.$$

Satz 1.

Voraussetzung: *Es sei $f(x)$ für $|x| \leqq 1$ regulär, $|f'(0)| \geqq 1$.*

Behauptung: *$f(x)$ nimmt in $|x| < 1$ alle Werte eines gewissen Kreisinnern mit Radius $\dfrac{1}{16}$ an.*

Beweis: Wird

$$M(r) = \operatorname*{Max.}_{|x|\,\leqq\, r} |f'(x)| \quad \text{für } 0 \leqq r \leqq 1$$

gesetzt, so beginnen die Zahlen

$$\frac{1}{2^k}\, M\left(1 - \frac{1}{2^k}\right), \quad k \geqq 0 \text{ ganz,}$$

mit $M(0) \geqq 1$ und streben $\left(\text{wegen } M\left(1 - \frac{1}{2^k}\right) \leqq M(1)\right)$ bei $k \to \infty$ gegen 0. Ich nehme die letzte jener Zahlen, die $\geqq 1$ ist, habe also, $\dfrac{1}{2^k} = r$ gesetzt, ein r mit

$$0 < r \leqq 1, \quad r\, M(1-r) \geqq 1 > \frac{r}{2}\, M\left(1 - \frac{r}{2}\right).$$

Man wähle ξ mit

$$|\xi| \leqq 1 - r, \quad |f'(\xi)| = M(1-r).$$

Die Funktion

$$g(x) = f(x + \xi) - f(\xi)$$

ist für $|x| \leqq r$ regulär; es ist

$$g(0) = 0,$$

$$|g'(0)| = |f'(\xi)| \geqq \frac{1}{r}$$

und für $|x| \leqq \dfrac{r}{2}$ $\left(\text{wegen } |x + \xi| \leqq 1 - \dfrac{r}{2}\right)$

$$|g'(x)| = |f'(x + \xi)| \leqq M\left(1 - \frac{r}{2}\right) \leqq \frac{2}{r}.$$

Nach dem Hilfssatz bedeckt also das g-Bild von $|x| < \dfrac{r}{2}$ den Kreis

$$|\gamma| < \frac{\dfrac{1}{r^2}\cdot\dfrac{r}{2}}{4\,\dfrac{2}{r}} = \frac{1}{16},$$

also das f-Bild von $|x-\xi| < \dfrac{r}{2}$, also das von $|x| < 1$ den Kreis

$$|\gamma - f(\xi)| < \frac{1}{16}.$$

§ 25.

Sätze von Picard, Landau und Schottky.

Satz 2.

Voraussetzung: *Es sei $\Re$ entweder ein Kreis $|x| \leqq R$, $R > 0$, oder die ganze x-Ebene. Es sei $F(x)$ in $\Re$ regulär und dort*

$$F(x) \neq 0, \quad F(x) \neq 1.$$

Behauptung: *Es gibt ein in $\Re$ reguläres $f(x)$ und eine nur von $F(0)$ abhängige Zahl β mit folgenden Eigenschaften:*

1) $F(x) = -e^{\dfrac{\pi i}{2}\left(e^{2f(x)} + e^{-2f(x)}\right)}$;

2) $f(0) = \beta$;

3) $f(x)$ *nimmt in $\Re$ kein Kreisinneres des Radius 1 an.*

Beweis: 1) Es gibt in $\Re$ reguläre Funktionen $h(x)$, $u(x)$, $v(x)$, $f(x)$ mit folgenden Eigenschaften:

$$F(x) = e^{2\pi i\, h(x)} \qquad \text{(wegen } F(x) \neq 0\text{)},$$
$$h(x) = u^2(x) \qquad \text{(wegen } F(x) \neq 1,\ h(x) \neq 0\text{)},$$
$$h(x) - 1 = v^2(x) \qquad \text{(wegen } F(x) \neq 1,\ h(x) \neq 1\text{)},$$
$$u(x) - v(x) = e^{f(x)} \qquad \text{(wegen } u^2(x) - v^2(x) = 1,\ u(x) - v(x) \neq 0\text{)}.$$

Nunmehr ist

$$u(x) + v(x) = \frac{1}{u(x) - v(x)} = e^{-f(x)},$$
$$2u(x) = e^{f(x)} + e^{-f(x)},$$
$$2\pi i\, h(x) = \frac{\pi i}{2}(2u(x))^2 = \frac{\pi i}{2}\left(e^{2f(x)} + e^{-2f(x)}\right) + \pi i,$$
$$F(x) = -e^{\frac{\pi i}{2}\left(e^{2f(x)} + e^{-2f(x)}\right)}$$

2) Klar.

3) Die Zahlen

$$\gamma = \pm \log(\sqrt{m} + \sqrt{m-1}) + \frac{n\pi i}{2}, \quad m \geqq 1 \text{ ganz}, \quad n \text{ ganz},$$

liegen so, daß kein Kreisinneres des Radius 1 von ihnen frei ist. Denn die Differenz zweier sukzessiver Ordinaten ist $\frac{\pi}{2} < \sqrt{3}$, und die Differenz zweier sukzessiver Abszissen ist < 1 wegen

$$\log(\sqrt{m+1} + \sqrt{m}) - \log(\sqrt{m} + \sqrt{m-1}) \begin{cases} = \log(\sqrt{2}+1) < 1 & \text{für } m = 1, \\ < \log\sqrt{\dfrac{m+1}{m-1}} \leqq \log\sqrt{3} < 1 & \text{für } m > 1; \end{cases}$$

zu jedem α gibt es also ein γ mit

$$|\Re\gamma - \Re\alpha| < \tfrac{1}{2}, \quad |\Im\gamma - \Im\alpha| < \frac{\sqrt{3}}{2},$$

$$|\gamma - \alpha| < \sqrt{\tfrac{1}{4} + \tfrac{3}{4}} = 1.$$

$f(x)$ läßt in $\Re$ alle Zahlen γ aus; denn sonst wäre dort einmal

$$e^{f(x)} = (\sqrt{m} + \sqrt{m-1})^{\pm 1} i^n = i^n(\sqrt{m} \pm \sqrt{m-1}),$$

$$e^{-f(x)} = i^{-n}(\sqrt{m} \mp \sqrt{m-1}),$$

$$e^{2f(x)} + e^{-2f(x)} = (-1)^n(2m + 2(m-1)) = 2(-1)^n(2m-1),$$

$$F(x) = -e^{\pi i(-1)^n(2m-1)} = 1.$$

Picardscher Satz 3.

Voraussetzung: *$F(x)$ sei ganz und nirgends 0 oder 1.*

Behauptung: *$F(x)$ ist konstant.*

Vorbemerkung: Jede ganze, nicht konstante Funktion $F(x)$ läßt also höchstens einen Wert aus. Denn ist $a \neq b$ und wäre $F(x)$ nie a und nie b, so ließe die ganze Funktion $\dfrac{F(x) - a}{b - a}$ die Werte 0 und 1 aus, wäre also konstant, und somit wäre auch $F(x)$ konstant.

Beweis: Das $f(x)$ des Satzes 2 (wo für $\Re$ die ganze x-Ebene zu setzen ist) ist ganz. Wäre $F(x)$ nicht konstant, so wäre $f(x)$ nicht konstant. Man wähle ξ mit $f'(\xi) \neq 0$. Dann nähme die ganze Funktion

$$\frac{f\left(\dfrac{16}{f'(\xi)} x + \xi\right)}{16} = \frac{f(\xi) + \dfrac{16}{f'(\xi)} f'(\xi) x + \cdots}{16} = a_0 + x + \cdots$$

nach Satz 2 kein Kreisinneres des Radius $\dfrac{1}{16}$ an, gegen Satz 1.

Landauscher Satz 4.

Es gibt ein $\varphi(\alpha) > 0$, so daß

$$F(x) = \alpha + x + \cdots$$

nicht für $|x| \leqq \varphi(\alpha)$ regulär, $\neq 0$ und $\neq 1$ sein kann.

Vorbemerkung: Satz 4 enthält den Satz 3. Denn ist $G(x)$ ganz und nicht konstant, so wähle man η mit $G'(\eta) \neq 0$. Dann ist

$$F(x) = G\left(\frac{x}{G'(\eta)} + \eta\right) = G(\eta) + x + \cdots$$

ganz, also für $|x| \leqq \varphi(G(\eta))$ regulär und kann bereits hier nicht durchweg von 0 und von 1 verschieden sein.

Beweis: Ist für $|x| \leqq R$, wo $R > 0$,

$$F(x) = \alpha + x + \cdots \text{ regulär, } \neq 0 \text{ und } \neq 1,$$

so ist das $f(x)$ des Satzes 2 für $|x| \leqq R$ regulär, bedeckt kein Kreisinneres des Radius 1, und $f(0)$ hängt nur von α ab; ferner ist

$$F'(x) = F(x)\,\pi i\left(e^{2f(x)} - e^{-2f(x)}\right) f'(x),$$
$$1 = \alpha\,\pi i\left(e^{2f(0)} - e^{-2f(0)}\right) f'(0),$$

also $f'(0) \neq 0$ und nur von α abhängig.

Für $|x| \leqq 1$ ist

$$\frac{f(Rx)}{Rf'(0)} = a_0 + x + \cdots$$

regulär und bedeckt kein Kreisinneres des Radius $\dfrac{1}{R\,|f'(0)|}$. Nach Satz 1 ist also

$$\frac{1}{R\,|f'(0)|} > \frac{1}{16},$$

also,

$$\varphi(\alpha) = \frac{16}{|f'(0)|}$$

gesetzt,

$$R < \varphi(\alpha).$$

Für $R = \varphi(\alpha)$ ist dies nicht wahr.

Schottkyscher Satz 5.

Zu jedem α und jedem ϑ mit $0 \leqq \vartheta < 1$ gibt es ein $\Phi(\alpha, \vartheta)$, so daß aus

$$F(x) = \alpha + \cdots \text{ regulär, } \neq 0 \text{ und } \neq 1 \text{ für } |x| \leqq 1$$

folgt

$$|F(x)| < \Phi(\alpha, \vartheta) \text{ für } |x| \leqq \vartheta.$$

Vorbemerkung: Satz 5 enthält Satz 4; denn aus

$$R > 0, \ G(x) = \alpha + x + \cdots \text{ regulär, } \neq 0 \text{ und } \neq 1 \text{ für } |x| \leqq R$$

folgt

$$F(x) = G(Rx) = \alpha + Rx + \cdots \text{ regulär, } \neq 0 \text{ und } \neq 1 \text{ für } |x| \leqq 1,$$
$$R \leqq 2 \operatorname*{Max}_{|x|=\frac{1}{2}} |F(x)| < 2\,\Phi(\alpha, \tfrac{1}{2}).$$

Beweis: Für $|\xi| \leqq \vartheta$ ist in der Bezeichnung des Satzes 2, falls $f'(\xi) \neq 0$, die Funktion

$$\frac{f(\xi + (1-\vartheta)x)}{(1-\vartheta)\,f'(\xi)} = a_0 + x + \cdots$$

im Kreis $|x| \leqq 1$ regulär und bedeckt für $|x| < 1$ kein Kreisinneres des Radius $\dfrac{1}{(1-\vartheta)\,|f'(\xi)|}$. Nach Satz 1 ist also

$$\frac{1}{(1-\vartheta)\,|f'(\xi)|} > \frac{1}{16},$$
$$|f'(\xi)| < \frac{16}{1-\vartheta}.$$

Falls $f'(\xi) = 0$, gilt dies auch.

Jedenfalls ist also für $|x| \leqq \vartheta$

$$|f(x) - f(0)| \leqq \frac{16}{1-\vartheta}\,\vartheta < \frac{16}{1-\vartheta},$$
$$|f(x)| < |f(0)| + \frac{16}{1-\vartheta} = \Phi_1(\alpha, \vartheta),$$
$$|F(x)| < e^{\frac{\pi}{2}\left(e^{2\Phi_1(\alpha, \vartheta)} + e^{2\Phi_1(\alpha, \vartheta)}\right)} = \Phi(\alpha, \vartheta).$$

Verschärfter Schottkyscher Satz 6.

Zu jedem ω und jedem ϑ mit $0 \leqq \vartheta < 1$ gibt es ein $\Psi(\omega, \vartheta)$, so daß aus

$$F(x) = \alpha + \cdots \text{ regulär, } \neq 0 \text{ und } \neq 1 \text{ für } |x| \leqq 1$$

nebst

$$|\alpha| \leqq \omega$$

folgt

$$|F(x)| < \Psi(\omega, \vartheta) \ \textit{für} \ |x| \leqq \vartheta.$$

Vorbemerkung: Satz 6 enthält natürlich Satz 5; denn man setze $\omega = |\alpha|$.

Beweis: Ohne Beschränkung der Allgemeinheit sei

$$\omega \geqq 2.$$

1) Es sei

$$|\alpha| \geqq \frac{1}{\omega}.$$

In

$$F(x) = e^{2\pi i h(x)}$$

legen wir $h(x)$ durch

$$-\tfrac{1}{2} < \Re h(0) \leqq \tfrac{1}{2}$$

fest; dann ist

$$|h(0)| \leqq \tfrac{1}{2} + \frac{|\log|\alpha||}{2\pi} \leqq \tfrac{1}{2} + \frac{\log\omega}{2\pi} = P_1(\omega),$$

also in den Bezeichnungen vom Beweise des Satzes **2**

$$|u(0)| = \sqrt{|h(0)|} < P_2(\omega),$$
$$|v(0)| = \sqrt{|h(0)-1|} < P_3(\omega),$$
$$|u(0) - v(0)| < P_4(\omega),$$
$$\frac{1}{|u(0) - v(0)|} = |u(0) + v(0)| < P_5(\omega).$$

In

$$u(x) - v(x) = e^{f(x)}$$

legen wir $f(x)$ durch

$$-\pi < \Im f(0) \leqq \pi$$

fest; dann ist

$$|f(0)| \leqq |\log|u(0)-v(0)|| + \pi < P_6(\omega),$$

also für $|x| \leqq \vartheta$

$$|f(x)| < |f(0)| + \frac{16}{1-\vartheta} < \Psi_1(\omega, \vartheta),$$

$$|F(x)| < e^{\frac{\pi}{2}\left(e^{2\Psi_1(\omega,\vartheta)} + e^{2\Psi_1(\omega,\vartheta)}\right)} = \Psi_2(\omega, \vartheta).$$

2) Es sei

$$|\alpha| < \frac{1}{\omega}.$$

Dann ist

$$|\alpha| < \tfrac{1}{2},$$
$$\tfrac{1}{2} \leqq |1 - \alpha| \leqq 2.$$

Nach 1), auf $1 - F(x)$ statt $F(x)$ und 2 statt ω angewendet, ist also für $|x| \leqq \vartheta$

$$|1 - F(x)| < \Psi_2(2, \vartheta) = \Psi_3(\vartheta),$$
$$|F(x)| < 1 + \Psi_3(\vartheta) = \Psi_4(\vartheta).$$

§ 26.
Der große Picardsche Satz.

Voraussetzung: $f(x)$ *sei für* $0 < |x - x_0| < \varrho$ *eindeutig-regulär,* $\neq a$ *und* $\neq b$ *(wo* $a \neq b$ *ist).*

Behauptung: x_0 *ist keine wesentlich singuläre Stelle (sondern regulär oder ein Pol).*

Vorbemerkungen: Mit anderen Worten: In jeder Nähe jeder isolierten wesentlich singulären Stelle läßt eine (in der Umgebung dieser Stelle eindeutige) Funktion höchstens einen Wert aus.

Dieser Satz enthält den (kleinen) Picardschen Satz, wie die Substitution $x - x_0 = \dfrac{1}{y}$ lehrt. Überhaupt ist der große Picardsche Satz völlig gleichwertig mit der Aussage: Jede für $|x| > \mathsf{P}$ eindeutig-reguläre Funktion, die für $x = \infty$ weder regulär ist noch dort einen Pol hat, läßt für $|x| > \mathsf{P}$ höchstens einen Wert aus.

Beweis: Ohne Beschränkung der Allgemeinheit sei $x_0 = 0$, $\varrho = 1$, $a = 0$, $b = 1$. (Denn sonst betrachte man

$$\frac{f(x_0 + \varrho y) - a}{b - a}.)$$

Es sei also $f(x)$ für $0 < |x| < 1$ eindeutig, regulär, $\neq 0$ und $\neq 1$. Ich nehme an, 0 sei doch eine wesentlich singuläre Stelle, und werde einen Widerspruch herleiten.

Nach Weierstraß kann ich eine Punktfolge $x_1, x_2, \ldots, x_n, \ldots$ so wählen, daß

$$e^{-4\pi} > |x_1| > |x_2| > \cdots > |x_n| > \cdots, \quad x_n \to 0$$

und

$$|f(x_n) - 2| < \tfrac{1}{2}$$

ist.

Ich bestimme für jedes n die Zahl t_n durch

$$e^{t_n} = x_n, \quad -\pi < \Im t_n \leqq \pi$$

und betrachte die für $\Re t < 0$ eindeutig-reguläre, von 0 und 1 verschiedene Funktion

$$f(x) = f(e^t) = g(t).$$

Sie hat die Periode $2\pi i$. Es ist

$$-4\pi > \Re t_1 > \Re t_2 > \cdots > \Re t_n > \cdots, \quad \Re t_n \to -\infty.$$

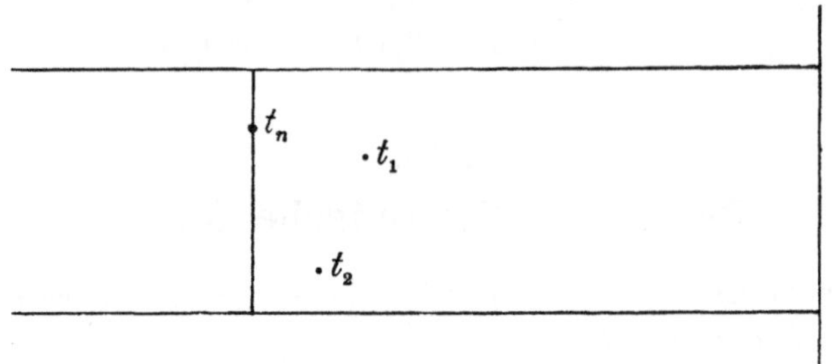

Das Bild der im Streifen $-\pi \leqq \Im t \leqq \pi$ durch t_n gelegten Vertikalstrecke ist der Kreis $|x| = |x_n|$ der x-Ebene. Ich wende Satz 6 des § 25 auf die Funktion

$$g(t_n + 4\pi y) = h(y)$$

an; wegen

$$h(0) = g(t_n) = f(x_n)$$

ist

$$|h(0) - 2| < \tfrac{1}{2},$$

also, da $h(y)$ für $|y| \leqq 1$ weder 0 noch 1 ist, für $|y| \leqq \tfrac{1}{2}$

$$|h(y)| < P,$$

wo P (bereits auf Grund des Schottkyschen Teils des Satzes 6 in § 25) eine absolute Konstante ist.

Auf der Vertikalstrecke durch t_n, die dem Kreise $|t - t_n| \leqq 2\pi$ angehört, ist also

$$|g(t)| < P;$$

daher ist für jedes n auf dem Kreise $|x| = |x_n|$

$$|f(x)| < P.$$

Diese Ungleichung muß also auch in dem Ring zwischen zweien dieser Kreise gelten. Für $0 < |x| \leqq |x_1|$ ist also, da jedes derartige x einem Ringe $|x_{n+1}| \leqq |x| \leqq |x_n|$ angehört,

$$|f(x)| < P,$$

im Gegensatz zu der Annahme, daß 0 eine wesentlich singuläre Stelle ist.

Achtes Kapitel.

Schlichte Funktionen.

§ 27.

Koebescher Verzerrungssatz.

Satz 1.

Voraussetzung: *Es sei*

$$f(x) = \frac{1}{x} + \sum_{n=0}^{\infty} a_n x^n$$

für $0 < |x| < 1$ regulär-schlicht.

Behauptung:

$$\sum_{n=0}^{\infty} n\,|a_n|^2 \leqq 1,$$

also insbesondere

$$|a_1| \leqq 1.$$

Beweis: Ohne Beschränkung der Allgemeinheit sei $a_0 = 0$ (sonst betrachte man $f(x) - a_0$) und $a_1 \geqq 0$ (sonst betrachte man $\varepsilon f(\varepsilon x)$ bei passendem ε mit $|\varepsilon| = 1$).

Es sei $0 < \delta < 8$. Man wähle $\eta = \eta(\delta)$, so daß

$$0 < \eta < 1,\ \eta \sqrt{2a_1} < 1,\ \left|\sum_{n=2}^{\infty} a_n x^{n-1}\right| < \frac{\delta}{10} \text{ für } |x| < \eta.$$

Für jeden Bildpunkt $U + Vi$ (U, V reell) von $x = u + vi$ (u, v reell) mit $0 < |x| = \varrho < \eta$ gilt

$$\left|U + Vi - \frac{1}{x} - a_1 x\right| = \left|U - \frac{u}{\varrho}\left(\frac{1}{\varrho} + a_1 \varrho\right) + i\left(V + \frac{v}{\varrho}\left(\frac{1}{\varrho} - a_1 \varrho\right)\right)\right| < \frac{\delta}{10}\varrho,$$

$$\left|U - \frac{u}{\varrho}\left(\frac{1}{\varrho} + a_1 \varrho\right)\right| < \frac{\delta}{10}\varrho,\quad \left|V + \frac{v}{\varrho}\left(\frac{1}{\varrho} - a_1 \varrho\right)\right| < \frac{\delta}{10}\varrho,$$

also $\left(\text{wegen } 2\,a_1\varrho^2 \leqq 2\,a_1\,\eta^2 < 1,\; \dfrac{1}{\varrho} - a_1\varrho > \dfrac{1}{2\varrho}\right)$

$$\frac{|U|}{\dfrac{1}{\varrho}+a_1\varrho} < \frac{|u|}{\varrho} + \frac{\delta}{10}\,\varrho^2, \qquad \frac{|V|}{\dfrac{1}{\varrho}-a_1\varrho} < \frac{|v|}{\varrho} + \frac{\delta}{5}\,\varrho^2,$$

$$\left(\frac{U}{\dfrac{1}{\varrho}+a_1\varrho}\right)^2 + \left(\frac{V}{\dfrac{1}{\varrho}-a_1\varrho}\right)^2 < \frac{u^2}{\varrho^2} + \frac{\delta}{5}\,\varrho^2 + \frac{\delta^2}{100}\,\varrho^4 + \frac{v^2}{\varrho^2} + \frac{2\delta}{5}\,\varrho^2 + \frac{\delta^2}{25}\,\varrho^4$$

$$= 1 + \frac{3\delta}{5}\,\varrho^2 + \frac{\delta^2}{20}\,\varrho^4 < 1 + \frac{3\delta}{5}\,\varrho^2 + \frac{8\delta}{20}\,\varrho^2 = 1 + \delta\varrho^2.$$

$U + Vi$ gehört also einer Ellipse mit dem Mittelpunkt 0 und den Halbachsen $\left(\dfrac{1}{\varrho} \pm a_1\varrho\right)\sqrt{1 + \delta\varrho^2}$ an.

Ist P mit $0 < \mathsf{P} < 1$ fest und $0 < \varrho \leqq \eta_1(\delta)$, wo $\eta_1(\delta) > 0$, $< \mathsf{P}$ und $< \eta(\delta)$ gewählt werden kann, so gehört auch das Bild von $|x| = \mathsf{P}$ jener Ellipse an, da ihre Halbachsen bei $\varrho \to 0$ ins Unendliche wachsen.

Für $0 < \varrho \leqq \eta_1(\delta)$ gehört also das ganze Bild von $\varrho \leqq |x| \leqq \mathsf{P}$ jener Ellipse an (denn sonst müßte der Bildpunkt eines Randpunktes des Kreisringes außerhalb der Ellipse liegen).

Für $0 < \varrho < \mathsf{P} < 1$ hat das f-Bild von $\varrho \leqq |x| \leqq \mathsf{P}$ (was sich unter Benutzung der Schlichtheit fast wörtlich wie in § 13 ergibt) den Inhalt

$$\pi\left(\frac{1}{\varrho^2} - \frac{1}{\mathsf{P}^2} + \sum_{n=1}^{\infty} n\,|a_n|^2\left(\mathsf{P}^{2n} - \varrho^{2n}\right)\right).$$

Da die Ellipse den Inhalt

$$\pi\left(\frac{1}{\varrho^2} - a_1^2\varrho^2\right)(1 + \delta\varrho^2) \leqq \frac{\pi}{\varrho^2}(1 + \delta\varrho^2) = \frac{\pi}{\varrho^2} + \pi\delta$$

hat, ist also für $0 < \varrho \leqq \eta_1(\delta)$

$$\pi\left(-\frac{1}{\mathsf{P}^2} + \sum_{n=1}^{\infty} n\,|a_n|^2\,(\mathsf{P}^{2n} - \varrho^{2n})\right) \leqq \pi\delta.$$

$\varrho \to 0$ gibt

$$\sum_{n=1}^{\infty} n\,|a_n|^2\,\mathsf{P}^{2n} \leqq \frac{1}{\mathsf{P}^2} + \delta.$$

$\mathsf{P} \to 1$ gibt

$$\sum_{n=1}^{\infty} n\,|a_n|^2 \leqq 1 + \delta.$$

$\delta \to 0$ gibt

$$\sum_{n=1}^{\infty} n\,|a_n|^2 \leqq 1.$$

Hilfssatz 1.

Ist

$$f(x) = x + a_2 x^2 + \cdots$$

für $|x| < 1$ regulär-schlicht, so gibt es ein für $|x| < 1$ regulär-schlicht-ungerades

$$g(x) = x + \frac{a_2}{2}\,x^3 + \cdots$$

mit

$$f(x^2) = g^2(x).$$

Beweis: 1) In

$$f(x^2) = x^2(1 + a_2 x^2 + \cdots)$$

ist die Klammer rechts für $|x| < 1$ regulär, gerade und $\neq 0$, also das Quadrat einer regulären, geraden Funktion

$$h(x) = 1 + \frac{a_2}{2}\,x^2 + \cdots.$$

Die Funktion

$$g(x) = x\,h(x) = x + \frac{a_2}{2}\,x^3 + \cdots$$

ist für $|x| < 1$ regulär-ungerade und genügt der Gleichung

$$f(x^2) = g^2(x).$$

2) Dies $g(x)$ ist in $|x| < 1$ schlicht; denn der Wert 0 wird nur in 0 angenommen, und aus

$$g(x_1) = g(x_2), \quad 0 < |x_1| < 1, \quad 0 < |x_2| < 1$$

folgt

$$f(x_1^2) = g^2(x_1) = g^2(x_2) = f(x_2^2),$$
$$x_1^2 = x_2^2,$$
$$x_1 = \pm\, x_2,$$

und hier gilt das obere Zeichen wegen

$$g(-x_1) = -g(x_1),$$
$$g(-x_1) \neq g(x_1).$$

Satz 2.

Voraussetzung: *Es sei*

$$f(x) = x + a_2 x^2 + \cdots$$

für $|x| < 1$ regulär-schlicht.

Behauptung:

$$|a_2| \leqq 2.$$

Beweis: Nach Hilfssatz 1 ist

$$\frac{1}{g(x)} = \frac{1}{x + \dfrac{a_2}{2}\,x^3 + \cdots} = \frac{1}{x} - \frac{a_2}{2}\,x + \cdots$$

für $0 < |x| < 1$ regulär-schlicht. Nach Satz 1 ist also

$$\left| -\frac{a_2}{2} \right| \leqq 1,$$

$$|a_2| \leqq 2.$$

Gemeinsame Voraussetzung der Sätze 3 bis 8: *Es sei* $f(x)$ *für* $|x| < 1$ *regulär-schlicht*, $f(0) = 0$, $f'(0) = 1$.

Satz 3.

Für $0 \leqq x < 1$ *ist*

$$\left| \frac{f''}{f'}(x) - \frac{2x}{1 - x^2} \right| \leqq \frac{4}{1 - x^2}.$$

Beweis: Es sei x mit $0 \leqq x < 1$ fest. Die Funktion

$$\frac{z + x}{1 + xz}$$

ist für $|z| < 1$ schlicht und absolut < 1. Daher ist

$$g(z) = f\left(\frac{z + x}{1 + xz} \right) = A_0 + A_1 z + A_2 z^2 + \cdots$$

für $|z| < 1$ regulär-schlicht. Es ist

$$g'(z) = f'\left(\frac{z + x}{1 + xz} \right) \frac{1 - x^2}{(1 + xz)^2},$$

$$g''(z) = f''\left(\frac{z + x}{1 + xz} \right) \frac{(1 - x^2)^2}{(1 + xz)^4} - f'\left(\frac{z + x}{1 + xz} \right) 2x \frac{1 - x^2}{(1 + xz)^3},$$

$$A_1 = g'(0) = f'(x)(1 - x^2),$$
$$A_2 = \tfrac{1}{2} g''(0) = \tfrac{1}{2}\left(f''(x)(1 - x^2)^2 - 2f'(x)\,x\,(1 - x^2) \right).$$

Da

$$\frac{g(z) - A_0}{A_1} = z + \frac{A_2}{A_1} z^2 + \cdots$$

für $|z| < 1$ regulär-schlicht ist, ist nach Satz 2

$$\left| \frac{1}{2}\left(\frac{f''}{f'}(x)(1 - x^2) - 2x \right) \right| = \left| \frac{A_2}{A_1} \right| \leqq 2.$$

— 111 —

Satz 4.

$$\frac{1-r}{(1+r)^3} \leqq |f'(x)| \leqq \frac{1+r}{(1-r)^3} \quad \text{für } |x| = r < 1.$$

Vorbemerkungen: 1) Beide Ungleichungen gelten also für $|x| \leqq r < 1$; denn $f'(x)$ und $\dfrac{1}{f'(x)}$ sind für $|x| < 1$ regulär.

2) Für $|x_1| \leqq r < 1$, $|x_2| \leqq r$ ist also

$$\left(\frac{1-r}{1+r}\right)^4 \leqq \left|\frac{f'(x_1)}{f'(x_2)}\right| \leqq \left(\frac{1+r}{1-r}\right)^4.$$

Beweis: Es genügt, die Behauptung für $x = r$ zu beweisen (sonst betrachte man $\dfrac{f(\varepsilon x)}{\varepsilon}$ mit $|\varepsilon| = 1$).

Nach Satz 3 ist für $0 \leqq r < 1$

$$\left|\log|f'(r)| + \log(1-r^2)\right| = \left|\Re \int_0^r \frac{f''}{f'}(x)\,dx + \log(1-r^2)\right|$$

$$\leqq \left|\int_0^r \frac{f''}{f'}(x)\,dx - \int_0^r \frac{2x}{1-x^2}\,dx\right| \leqq \int_0^r \frac{4}{1-x^2}\,dx = 2\log\frac{1+r}{1-r},$$

$$\log|f'(r)| \begin{cases} \leqq -\log(1-r^2) + 2\log\dfrac{1+r}{1-r} = \log\dfrac{1+r}{(1-r)^3}, \\[2ex] \geqq -\log(1-r^2) - 2\log\dfrac{1+r}{1-r} = \log\dfrac{1-r}{(1+r)^3}. \end{cases}$$

§ 28.

Schranken für $|f(x)|$.

Satz 5.

$$|f(x)| \leqq \frac{r}{(1-r)^2} \quad \text{für } |x| \leqq r < 1.$$

Beweis: Es genügt, die Behauptung für $x = r$ zu beweisen. Nach Satz 4 ist

$$|f(r)| \leqq \int_0^r |f'(x)|\,dx \leqq \int_0^r \frac{1+x}{(1-x)^3}\,dx = \frac{r}{(1-r)^2}.$$

Satz 6.

$f(x)$ nimmt für $|x| < 1$ alle γ mit $|\gamma| < \tfrac{1}{4}$ an.

Beweis: Aus

$$f(x) = x + a_2 x^2 + \cdots,$$
$$f(x) \neq \gamma \quad \text{für } |x| < 1$$

folgt, da $\gamma \neq 0$, daß

$$g(x) = \frac{f(x)}{1 - \dfrac{f(x)}{\gamma}} = \frac{x + a_2 x^2 + \cdots}{1 - \dfrac{x}{\gamma} + \cdots} = x + \left(a_2 + \frac{1}{\gamma}\right) x^2 + \cdots$$

für $|x| < 1$ regulär-schlicht ist. Zweimalige Anwendung des Satzes 2 ergibt

$$|a_2| \leqq 2, \quad \left|a_2 + \frac{1}{\gamma}\right| \leqq 2,$$

$$\left|\frac{1}{\gamma}\right| \leqq 4,$$

$$|\gamma| \geqq \tfrac{1}{4}.$$

Satz 7.

$$|f(x)| \geqq \frac{r}{4} \ \textit{für} \ 0 < |x| = r < 1.$$

Vorbemerkung: Für jedes r wird Satz 8 schärfer sein.

Beweis: $\qquad \dfrac{f(rx)}{r} = x + \cdots$

nimmt nach Satz 6 für $|x| < 1$ alle γ mit $|\gamma| < \tfrac{1}{4}$ an; $f(x)$ also für $|x| < r$ alle γ mit $|\gamma| < \dfrac{r}{4}$. Wegen der Schlichtheit kann also kein solches γ auf $|x| = r$ angenommen werden.

Hilfssatz 2.

$k(x) = \dfrac{x}{(1-x)^2}$ *nimmt für* $|x| < 1$ *genau alle* γ *an, die nicht* $\leqq -\tfrac{1}{4}$ *sind.*

Vorbemerkung: In Satz 6 kann also $\tfrac{1}{4}$ durch keine größere Weltkonstante ersetzt werden.

Beweis: $\gamma = 0$ wird für $x = 0$ angenommen.
Für $\gamma \neq 0$ ist

$$\frac{x}{(1-x)^2} = \gamma$$

mit

$$x^2 - \left(2 + \frac{1}{\gamma}\right) x + 1 = 0$$

identisch. Das Produkt beider Wurzeln dieser Gleichung ist 1. Dann und nur dann liegt keine Wurzel in $|x| < 1$, wenn beide Wurzeln auf dem Rande des Einheitskreises liegen und konjugiert komplex sind. Das bedeutet genau

$$-2 \leqq 2 + \frac{1}{\gamma} \leqq 2,$$

d. h.

$$-4 \leqq \frac{1}{\gamma} \leqq 0,$$

d. h.

$$\gamma \leqq -\tfrac{1}{4}.$$

Hilfssatz 3.

Es sei $x = K(y)$ *die zu* $y = k(x)$, $|x| < 1$, *inverse Funktion* (die nach Hilfssatz 2 die von $-\tfrac{1}{4}$ nach $-\infty$ aufgeschlitzte y-Ebene schlicht auf $|x| < 1$ abbildet). *Es sei*

$$0 < r < 1, \quad p = \frac{4r}{(1+r)^2}$$

(also $0 < p < 1$). *Dann ist*

$$x = F(z) = K(p\,k(z))$$

für $|z| < 1$ *regulär-schlicht und bildet* $|z| < 1$ *auf den von* $-r$ *nach* -1 *aufgeschlitzten Kreis* $|x| < 1$ *ab. Für* $x \to -r$ *von rechts strebt die inverse Funktion von rechts gegen* -1.

Beweis: 1) Für $|z| < 1$ ist $p\,k(z)$ regulär-schlicht und nimmt dort genau die Werte an, die nicht $\leqq -\dfrac{p}{4}$ sind; alle diese sind nicht $\leqq -\tfrac{1}{4}$. $F(z)$ ist also für $|z| < 1$ regulär-schlicht und absolut < 1.

2)
$$\frac{1}{k(x)} = x + \frac{1}{x} - 2$$

fällt für $-1 < x < 0$; $k(x)$ steigt also dort. Bei $x \to -1$ (von rechts) ist

$$k(x) \to -\tfrac{1}{4};$$

ferner ist

$$k(-r) = -\frac{r}{(1+r)^2} = -\frac{p}{4}.$$

$F(z)$ nimmt also für $|z| < 1$ genau die Werte x mit $|x| < 1$ außer denen auf $-1 < x \leqq -r$ an. Und wenn x von rechts gegen $-r$ strebt, so strebt von rechts $p\,k(z) = k(x)$ gegen $-\dfrac{p}{4}$, also $k(z)$ gegen $-\tfrac{1}{4}$, also z gegen -1.

Satz 8.

$$|f(x)| \geqq \frac{r}{(1+r)^2} \quad \text{für} \; |x| = r < 1.$$

Beweis: Es genügt, die Behauptung für $-1 < x = -r < 0$ zu zeigen. Mit dem $F(z)$ aus Hilfssatz 3 ist

$$h(z) = \frac{f(F(z))}{p} = z + \cdots$$

für $|z| < 1$ regulär-schlicht. Es sei $0 < \varrho < 1$. Nach Satz 7 ist für $-1 < z < -\varrho$

$$|h(z)| \geqq \frac{|z|}{4} > \frac{\varrho}{4};$$

bei passendem $\eta = \eta(\varrho) > 0$ ist nach Hilfssatz 3 für $-r < x < -r + \eta$

$$-1 < z < -\varrho,$$

also

$$\frac{|f(x)|}{p} > \frac{\varrho}{4}.$$

Daher ist

$$\frac{|f(-r)|}{p} \geqq \frac{\varrho}{4},$$

und $\varrho \to 1$ gibt

$$|f(-r)| \geqq \frac{p}{4} = \frac{r}{(1+r)^2}.$$

Literaturverzeichnis.

Bieberbach, L.

1. *Über die Koeffizienten derjenigen Potenzreihen, welche eine schlichte Abbildung des Einheitskreises vermitteln.* Sitzungsberichte der Königlich Preussischen Akademie der Wissenschaften, Berlin, Jahrgang 1916, S. 940—955.
2. *Aufstellung und Beweis des Drehungssatzes für schlichte konforme Abbildungen.* Mathematische Zeitschrift, Bd. 4, S. 295—305; 1919.

Bloch, A.

1. *Les théorèmes de M. Valiron sur les fonctions entières, et la théorie de l'uniformisation.* Comptes rendus hebdomadaires des séances de l'Académie des Sciences, Paris, Bd. 178, S. 2051—2052; 1924.
2. *Les théorèmes de M. Valiron sur les fonctions entières et la théorie de l'uniformisation.* Annales de la Faculté des Sciences de l'Université de Toulouse, Ser. 3, Bd. 17, S. 1—22; 1925.

Blumenthal, O.

Über ganze transzendente Funktionen. Jahresbericht der Deutschen Mathematiker-Vereinigung, Bd. 16, S. 97—109; 1907.

Bohr, H.

1. *A Theorem concerning Power Series.* Proceedings of the London Mathematical Society, Ser. 2, Bd. 13, S. 1—5; 1914.
2. *Über die Koeffizientensumme einer beschränkten Potenzreihe.* Nachrichten von der Königlichen Gesellschaft der Wissenschaften zu Göttingen, mathematisch-physikalische Klasse, Jahrgang 1916, S. 276—291; Jahrgang 1917, S. 119—128.

Bohr, H. und Landau, E.

Über das Verhalten von $\zeta(s)$ und $\zeta_x(s)$ in der Nähe der Geraden $\sigma = 1$. Nachrichten von der Königlichen Gesellschaft der Wissenschaften zu Göttingen, mathematisch-physikalische Klasse, Jahrgang 1910, S. 303—330.

Borel, É.

Démonstration élémentaire d'un théorème de M. Picard sur les fonctions entières. Comptes rendus hebdomadaires des séances de l'Académie des Sciences, Paris, Bd. 122, S. 1045—1048; 1896.

Carathéodory, C.

Über die gegenseitige Beziehung der Ränder bei der konformen Abbildung des Inneren einer Jordanschen Kurve auf einen Kreis. Mathematische Annalen, Bd. 73, S. 305—320; 1913.

Cesàro, E.

Sur la multiplication des séries. Bulletin des Sciences mathématiques, Ser. 2, Bd. 14, Teil 1, S. 114—120; 1890.

Dienes, P.

Essai sur les singularités des fonctions analytiques. Journal de Mathématiques pures et appliquées, Ser. 6, Bd. 5, S. 327—413; 1909.

Eneström, G.

Härledning af en allmän formel för antalet pensionärer, som vid en godtycklig tidpunkt förefinnas inom en sluten pensionskassa. Öfversigt af Kongl. Vetenskaps-Akademiens Förhandlingar, Bd. 50, S. 405—415; 1893.

Faber, G.

1. *Über die Nicht-Fortsetzbarkeit gewisser Potenzreihen.* Sitzungsberichte der mathematisch-physikalischen Klasse der Königlich Bayerischen Akademie der Wissenschaften, Jahrgang 1904, S. 63—74.
2. *Über das Anwachsen analytischer Funktionen.* Mathematische Annalen, Bd. 63, S. 549—551; 1907.
3. *Über stetige Funktionen (zweite Abhandlung).* Mathematische Annalen, Bd. 69, S. 372—443; 1910.
4. *Neuer Beweis eines Koebe-Bieberbachschen Satzes über konforme Abbildung.* Sitzungsberichte der mathematisch-physikalischen Klasse der Königlich Bayerischen Akademie der Wissenschaften, Jahrgang 1916, S. 39—42.

Fabry, E.

Sur les points singuliers d'une fonction donnée par son développement en série et l'impossibilité du prolongement analytique dans des cas très généraux. Annales scientifiques de l'École normale supérieure, Ser. 3, Bd. 13, S. 367—399; 1896.

Fatou, P.

Séries trigonométriques et séries de Taylor. Acta Mathematica, Bd. 30, S. 335—400; 1906.

Fejér, L.

1. *Über gewisse Potenzreihen an der Konvergenzgrenze.* Sitzungsberichte der mathematisch-physikalischen Klasse der Königlich Bayerischen Akademie der Wissenschaften, Jahrgang 1910, No. 3, 17 S.
2. *La convergence sur son cercle de convergence d'une série de puissance effectuant une représentation conforme du cercle sur le plan simple.* Comptes rendus hebdomadaires des séances de l'Académie des Sciences, Paris, Bd. 156, S. 46—49; 1913.
3. *Über gewisse durch die Fouriersche und Laplacesche Reihe definierten Mittelkurven und Mittelflächen.* Rendiconti del Circolo Matematico di Palermo, Bd. 38, S. 79—97; 1914.
4. *Über die Konvergenz der Potenzreihe an der Konvergenzgrenze in Fällen der konformen Abbildung auf die schlichte Ebene.* Mathematische Abhandlungen, Hermann Amandus Schwarz zu seinem fünfzigjährigen Doktorjubiläum am 6. August 1914 gewidmet von Freunden und Schülern, S. 42—53; Berlin (Springer), 1914.

Fekete, M.

Sur les séries de Dirichlet. Comptes rendus hebdomadaires des séances de l'Académie des Sciences, Paris, Bd. 150, S. 1033—1036; 1910.

Gronwall, T. H.

Some remarks on conformal representation. Annals of Mathematics, Ser. 2, Bd. 16, S. 72—76 und S. 138; 1914—1915.

Hadamard, J.

1. *Sur les fonctions entières.* Bulletin de la Société mathématique de France, Bd. 24, S. 186—187; 1896.
2. *Notice sur les travaux scientifiques de M. Jacques Hadamard, Teil 2.* 91 S.; Paris (Hermann), 1912.

Hardy, G. H.

1. *A theorem concerning Taylor's series.* The quarterly Journal of pure and applied Mathematics, Bd. 44, S. 147—160; 1913.
2. *The Mean Value of the Modulus of an Analytic Function.* Proceedings of the London Mathematical Society, Ser. 2, Bd. 14, S. 269—277; 1915.

Hardy, G. H. und Littlewood, J. E.

1. *Contributions to the Arithmetic Theory of Series.* Proceedings of the London Mathematical Society, Ser. 2, Bd. 11, S. 411—478; 1913.
2. *Some theorems concerning Dirichlet's series.* The Messenger of Mathematics, Ser. 2, Bd. 43, S. 134—147; 1914.
3. *Tauberian Theorems concerning Power Series and Dirichlet's Series whose Coefficients are Positive.* Proceedings of the London Mathematical Society, Ser. 2, Bd. 13, S. 174—191; 1914.

Hölder, O.

Grenzwerthe von Reihen an der Convergenzgrenze. Mathematische Annalen, Bd. 20, S. 535—549; 1882.

Hurwitz, A.

1. *Ueber die Nullstellen der Bessel'schen Function.* Mathematische Annalen, Bd. 33, S. 246—266; 1889.
2. *Über die Anwendung der elliptischen Modulfunktionen auf einen Satz der allgemeinen Funktionentheorie.* Vierteljahrsschrift der Naturforschenden Gesellschaft in Zürich, Bd. 49, S. 242—253; 1904.

Hurwitz, A. und Pólya, G.

Zwei Beweise eines von Herrn Fatou vermuteten Satzes. Acta Mathematica, Bd. 40, S. 179—183; 1916.

Jentzsch, R.

Untersuchungen zur Theorie der Folgen analytischer Funktionen. Inaugural-Dissertation, 39 S.; Berlin, 1914.

Knopp, K.

Grenzwerte von Reihen bei der Annäherung an die Konvergenzgrenze. Inaugural-Dissertation, 50 S.; Berlin, 1907.

Koebe, P.

1. *Ueber die Uniformisierung beliebiger analytischer Kurven.* Nachrichten von der Königlichen Gesellschaft der Wissenschaften zu Göttingen, mathematisch-physikalische Klasse, Jahrgang 1907, S. 191—210.
2. *Ueber die Uniformisierung der algebraischen Kurven durch automorphe Funktionen mit imaginärer Substitutionsgruppe.* Nachrichten von der Königlichen Gesellschaft der Wissenschaften zu Göttingen, mathematisch-physikalische Klasse, Jahrgang 1909, S. 68—76.

Landau, E.

1. *Über eine Verallgemeinerung des Picardschen Satzes.* Sitzungsberichte der Königlich Preussischen Akademie der Wissenschaften, Berlin, Jahrgang 1904, S. 1118—1133.
2. *Über einen Satz von Tschebyschef.* Mathematische Annalen, Bd. 61, S. 527—550; 1905.
3. *Über die Konvergenz einiger Klassen von unendlichen Reihen am Rande des Konvergenzgebietes.* Monatshefte für Mathematik und Physik, Bd. 18, S. 8—28; 1907.
4. *Abschätzung der Koeffizientensumme einer Potenzreihe.* Archiv der Mathematik und Physik, Ser. 3, Bd. 21, S. 42—50 und S. 250—255; Bd. 24, S. 250—260; 1913 und 1916.
5. *Über einen Fejérschen Satz.* Nachrichten von der Gesellschaft der Wissenschaften zu Göttingen, Mathematisch-Physikalische Klasse, Jahrgang 1925, S. 22.
6. *Der Picard-Schottkysche Satz und die Blochsche Konstante.* Sitzungsberichte der Preussischen Akademie der Wissenschaften, Berlin, physikalisch-mathematische Klasse, Jahrgang 1926, S. 467—474.
7. *Über die Blochsche Konstante und zwei verwandte Weltkonstanten.* Mathematische Zeitschrift, Bd. 30, S. 608—634; 1929.

Lebesgue, H.

Leçons sur l'intégration et la recherche des fonctions primitives, 1. Aufl.; Paris (Gauthier-Villars), 1904.

Lindelöf, E.

Sur le théorème de M. Picard dans la théorie des fonctions monogènes. Compte rendu du congrès des mathématiciens tenu à Stockholm 22—25 septembre 1909, S. 112—136; Leipzig und Berlin (Teubner), 1910.

Littlewood, J. E.

The Converse of Abel's Theorem on Power Series. Proceedings of the London Mathematical Society, Ser. 2, Bd. 9, S. 434—448; 1911.

Löwner, K.

Über Extremumsätze bei der konformen Abbildung des Äußeren des Einheitskreises. Mathematische Zeitschrift, Bd. 3, S. 65—77; 1919.

Lukács, F.

Eine Eigenschaft des Konvergenzkreises der Potenzreihen. Archiv der Mathematik und Physik, Ser. 3, Bd. 23, S. 34—35; 1915.

Lusin, N.

Über eine Potenzreihe. Rendiconti del Circolo Matematico di Palermo, Bd. 32, S. 386—390; 1911.

Mittag-Leffler, G.

Über die analytische Darstellung eines eindeutigen Zweiges einer monogenen Funktion. Sitzungsberichte der mathematisch-physikalischen Klasse der Königlich Bayerischen Akademie der Wissenschaften, Jahrgang 1915, S. 109—164.

Neder, L.

Über die Koeffizientensumme einer beschränkten Potenzreihe. Mathematische Zeitschrift, Bd. 11, S. 115—123; 1921.

Nevanlinna, R.

Über die schlichten Abbildungen des Einheitskreises. Översikt av Finska Vetenskaps-Societetens Förhandlingar, Bd. 62 A, No. 7, 14 S.; 1919—1920.

Picard, É.

1. *Sur une propriété des fonctions entières.* Comptes rendus hebdomadaires des séances de l'Académie des Sciences, Paris, Bd. 88, S. 1024—1027; 1879.
2. *Sur les fonctions analytiques uniformes dans le voisinage d'un point singulier essentiel.* Comptes rendus hebdomadaires des séances de l'Académie des Sciences, Paris, Bd. 89, S. 745—747; 1879.

Pólya, G. und Szegö, G.

Aufgaben und Lehrsätze aus der Analysis, Bd. 1; Berlin (Springer), 1925.

Pringsheim, A.

1. *Ueber Functionen, welche in gewissen Punkten endliche Differentialquotienten jeder endlichen Ordnung, aber keine Taylor'sche Reihenentwickelung besitzen.* Mathematische Annalen, Bd. 44, S. 41—56; 1894.
2. *Über einige funktionentheoretische Anwendungen der Eulerschen Reihen-Transformation.* Sitzungsberichte der mathematisch-physikalischen Klasse der Königlich Bayerischen Akademie der Wissenschaften, Jahrgang 1912, S. 11—92.
3. *Kritisch-historische Bemerkungen zur Funktionentheorie, I (Über den sogenannten Vivanti-Dienes'schen Satz).* Sitzungsberichte der mathematisch-naturwissenschaftlichen Abteilung der Bayerischen Akademie der Wissenschaften, Jahrgang 1928, S. 343—358.

Riesz, M.

1. *Sur un problème d'Abel.* Rendiconti del Circolo Matematico di Palermo, Bd. 30, S. 339—345; 1910.
2. *Über einen Satz des Herrn Fatou.* Journal für die reine und angewandte Mathematik, Bd. 140, S. 89—99; 1911.
3. *Neuer Beweis des Fatouschen Satzes.* Nachrichten von der Königlichen Gesellschaft der Wissenschaften zu Göttingen, mathematisch-physikalische Klasse, Jahrgang 1916, S. 62—65.

Rogosinski, W.

Über Bildschranken bei Potenzreihen und ihren Abschnitten. Mathematische Zeitschrift, Bd. 17, S. 260—276; 1923.

Schnee, W.

Die Identität des Cesàroschen und Hölderschen Grenzwertes. Mathematische Annalen, Bd. 67, S. 110—125; 1909.

Schottky, F.

Über den Picard'schen Satz und die Borel'schen Ungleichungen. Sitzungsberichte der Königlich Preussischen Akademie der Wissenschaften, Berlin, Jahrgang 1904, S. 1244—1262.

Schur, I.

1. *Über die Äquivalenz der Cesàroschen und Hölderschen Mittelwerte.* Mathematische Annalen, Bd. 74, S. 447—458; 1913.
2. *Über Potenzreihen, die im Innern des Einheitskreises beschränkt sind.* Journal für die reine und angewandte Mathematik, Bd. 147, S. 205—232; 1917.

Sierpiński, W.

O szeregu potęgowym, który na swem kole zbieżności jest zbieżnym w jednym tylko punkcie (Sur une série de puissances qui converge sur son cercle de convergence dans un point seulement). Sprawozdania z posiedzeń Towarzystwa Naukowego Warszawskiego, Bd. 5, wydział nauk matematycznych i przyrodniczych, S. 153—157; 1912.

Steffensen, J. F.

Über Potenzreihen, im besonderen solche, deren Koeffizienten zahlentheoretische Funktionen sind. Rendiconti del Circolo Matematico di Palermo, Bd. 38, S. 376—386; 1914.

Szász, O.

1. *Ungleichungen für die Koeffizienten einer Potenzreihe.* Mathematische Zeitschrift, Bd. 1, S. 163—183; 1918.
2. *Über Singularitäten von Potenzreihen und Dirichletschen Reihen am Rande des Konvergenzbereiches.* Mathematische Annalen, Bd. 85, S. 99—110; 1922.

Tauber, A.

Ein Satz aus der Theorie der unendlichen Reihen. Monatshefte für Mathematik und Physik, Bd. 8, S. 273—277; 1897.

Valiron, G.

Sur les théorèmes de MM. Bloch, Landau, Montel et Schottky. Comptes rendus hebdomadaires des séances de l'Académie des Sciences, Paris, Bd. 183, S. 728—730; 1926.

Vivanti, G.

1. *Sulle serie di potenze.* Rivista di Matematica, Bd. 3, S. 111—114; 1893.
2. *Theorie der eindeutigen analytischen Funktionen.* Umarbeitung unter Mitwirkung des Verfassers deutsch herausgegeben von A. Gutzmer; Leipzig (Teubner), 1906.

Inhalt.

		Seite
Vorwort		3
Bezeichnungen		5
Einleitung		7

Erstes Kapitel.
Über beschränkte Potenzreihen.

§ 1.	Eine notwendige und hinreichende Bedingung für die Beschränktheit	22
§ 2.	Die Landausche obere Grenze von $|s_n|$	26
§ 3.	Fejérs Satz, daß s_n bei festem $f(x)$ nicht beschränkt zu sein braucht	29
§ 4.	Über die Majorante einer beschränkten Funktion	31
§ 5.	Satz von Fatou	35

Zweites Kapitel.
Summabilität höherer Ordnung.

| § 6. | Der Knopp-Schneesche Satz | 43 |
| § 7. | Beispiel einer nicht summabeln Reihe mit vorhandenem $\lim f(x)$ | 51 |

Drittes Kapitel.
Umkehrungen des Abelschen Stetigkeitssatzes.

§ 8.	Der Taubersche Satz	52
§ 9.	Ausdehnung auf schräge und krummlinige Annäherung	54
§ 10.	Die Hardy-Littlewoodsche Umkehrung des Abelschen Stetigkeitssatzes	57
§ 11.	Einige Nachträge	62
§ 12.	Ein Satz von M. Riesz	64
§ 13.	Ein Satz von Fejér	65

Viertes Kapitel.
Über einige Merkwürdigkeiten des Verhaltens von Potenzreihen auf dem Rande.

§ 14.	Hardysches Beispiel	68
§ 15.	Lusinsches Beispiel	69
§ 16.	Sierpińskisches Beispiel	71

Seite

Fünftes Kapitel.

**Beziehungen der Koeffizienten einer Potenzreihe zu Singularitäten
der Funktion auf. dem Rande.**

§ 17. Satz von Pringsheim 72

§ 18. Satz von M. Riesz 73

§ 19. Fabrysche Sätze 76

§ 20. Satz von Pólya 86

Sechstes Kapitel.

**Maximum und Mittelwert des absoluten Betrages einer analytischen
Funktion auf Kreisen.**

§ 21. Hadamardscher Dreikreisesatz 88

§ 22. Satz von Jentzsch 90

§ 23. Hardyscher Mittelwertsatz 95

Siebentes Kapitel.

Der Picardsche Ideenkreis.

§ 24. Der Blochsche Satz 98

§ 25. Sätze von Picard, Landau und Schottky 100

§ 26. Der große Picardsche Satz 105

Achtes Kapitel.

Schlichte Funktionen.

§ 27. Koebescher Verzerrungssatz 107

§ 28. Schranken für $|f(x)|$ 111

Literaturverzeichnis 115

VERLAG VON JULIUS SPRINGER / BERLIN.

Gesammelte mathematische Abhandlungen. Von Felix Klein. In drei Bänden.

Erster Band: Liniengeometrie. Grundlegung der Geometrie. Zum Erlanger Programm. Herausgegeben von **R. Fricke** und **A. Ostrowski.** (Von **F. Klein** mit ergänzenden Zusätzen versehen.) Mit einem Bildnis. XII, 612 Seiten. 1921. Unveränderter Neudruck 1925. RM 36.—

Zweiter Band: Anschauliche Geometrie. Substitutionsgruppen und Gleichungstheorie. Zur mathematischen Physik. Herausgegeben von **R. Fricke** und **H. Vermeil.** (Von **F. Klein** mit ergänzenden Zusätzen versehen.) Mit 185 Textfiguren. VI, 714 Seiten. 1922. Unveränderter Neudruck 1925.

RM 42.—

Dritter Band: Elliptische Funktionen, insbesondere Modulfunktionen, hyperelliptische und Abelsche Funktionen, Riemannsche Funktionentheorie und automorphe Funktionen. Anhang: Verschiedene Verzeichnisse. Herausgegeben von **R. Fricke, H. Vermeil,** und **E. Bessel-Hagen.** (Von **F. Klein** mit ergänzenden Zusätzen versehen.) Mit 138 Textfiguren. IX, 774 sowie 36 Seiten Anhang. 1923. Unveränderter Neudruck 1929. RM 48.—

Vorlesungen über die Entwicklung der Mathematik im 19. Jahrhundert. Von Felix Klein. (Band XXIV, XXV der „Grundlehren der mathematischen Wissenschaften".)

Teil I: Für den Druck bearbeitet von **R. Courant** und **O. Neugebauer.** Mit 48 Figuren. XIV, 386 Seiten 1926. RM 21.—; gebunden RM 22.50

Inhaltsübersicht:

Gauß. — Frankreich und die École Polytechnique in den ersten Jahrzehnten des 19. Jahrhunderts. — Die Gründung des Crelleschen Journals und das Aufblühen der reinen Mathematik in Deutschland. — Die Entwicklung der algebraischen Geometrie über Moebius, Plücker und Steiner hinaus. — Mechanik und mathematische Physik in Deutschland und England bis etwa 1880. — Die allgemeine Funktionentheorie komplexer Veränderlicher bei Riemann und Weierstraß. — Vertiefte Einsicht in das Wesen der algebraischen Gebilde. — Gruppentheorie und Funktionentheorie, insbesondere automorphe Funktionen. — Namenverzeichnis.

Teil II: **Die Grundbegriffe der Invariantentheorie und ihr Eindringen in die mathematische Physik.** Für den Druck bearbeitet von **R. Courant** und **St. Cohn-Vossen.** Mit 7 Figuren. X, 208 Seiten. 1927.

RM 12.—; gebunden RM 13.50

Einleitung in die Mengenlehre. Von Dr. phil. Adolf Fraenkel,

ord. Professor an der Universität Kiel. (Band IX der „Grundlehren der mathematischen Wissenschaften".) Dritte, umgearbeitete und stark erweiterte Auflage. Mit 13 Abb. XIV, 424 Seiten. 1928. RM 22.60; gebunden RM 24.—

Die Theorie der Gruppen von endlicher Ordnung.

Mit Anwendungen auf algebraische Zahlen und Gleichungen sowie auf die Kristallographie. Von **Andreas Speiser,** ord. Professor der Mathematik an der Universität Zürich. (Band V der „Grundlehren der mathematischen Wissenschaften".) Zweite Auflage. Mit 38 Textabbildungen. IX, 251 Seiten. 1927.

RM 15.—; gebunden RM 16.50